KB272854

대학생을 위한!

에듀테크·AI 활용 시크릿북

대학생을 위한
에듀테크 · AI 활용 시크릿북

초판 1쇄 발행 2026년 3월 1일

지 은 이 오예림 외 8인 / 기획 정동완
발 행 인 권선복
편   집 권보송
디 자 인 김소영
전 자 책 서보미
마 케 팅 권보송
기록정리 신지환
발 행 처 도서출판 행복에너지
출판등록 제315-2011-000035호
주   소 (157-010) 서울특별시 강서구 화곡로 232
전   화 0505-613-6133
팩   스 0303-0799-1560
홈페이지 www.happybook.or.kr
이 메 일 ksbdata@daum.net

값 22,000원

ISBN 979-11-24134-16-0 (13560)

Copyright ⓒ 오예림 외 8인, 기획 정동완, 2026

* 이 책은 저작권법에 따라 보호받는 저작물이므로 무단전재와 무단복제를 금지하며, 이 책의 내용을 전부 또는 일부를 이용하시려면 반드시 저작권자와 〈도서출판 행복에너지〉의 서면 동의를 받아야 합니다.
* 잘못된 책은 구입하신 곳에서 바꾸어 드립니다.

도서출판 행복에너지는 독자 여러분의 아이디어와 원고 투고를 기다립니다. 책으로 만들기를 원하는 콘텐츠가 있으신 분은 이메일이나 홈페이지를 통해 간단한 기획서와 기획의도, 연락처 등을 보내주십시오. 행복에너지의 문은 언제나 활짝 열려 있습니다.

에듀테크·AI 활용 시크릿북

대학생활 A⁺, 창업&취업 전략서

오예림
박신정
김정준
김채담
손재영
유아미
윤옥희
이희정
진연자
지음

정동완
기획

도서출판 행복에너지

학점 관리부터 커리어 설계까지, AI 시대를 기회로 바꾸는 가장 현실적인 대학 생활 전략서

『대학생을 위한 에듀테크·AI 활용 시크릿북』은 AI가 '선택'이 아니라 '기본 역량'이 된 시대를 살아가는 대학생들에게 무엇을 알고, 어떻게 활용해야 하는지를 명확하게 안내하는 실천서입니다.

이 책의 가장 큰 강점은 AI를 막연한 미래 기술이나 유행어로 다루지 않고, 학업 성취, 시간 관리, 발표와 콘텐츠 제작, 그리고 커리어 설계라는 대학생의 실제 삶의 과제 속으로 구체적으로 끌어왔다는 점입니다.

저자들은 모두 탄탄한 이론적 기반 위에서 교육과 현장을 오랫동안 경험해 온 실무 전문가들로, 그들의 노하우는 추상적인 설명이 아니라 '지금 바로 써먹을 수 있는 방법'의 형태로 생생하게 담겨 있습니다.

특히 학점을 올리면서도 시간을 절약하는 실질적 기술, 발표
와 콘텐츠에서 경쟁력을 높이는 AI 활용 전략, 그리고 나에게 맞
는 커리어를 설계하는 과정까지 이 책은 대학생활 전반을 관통
하는 현실적인 해답을 제공합니다.

풍부한 사례와 구체적인 예시는 AI 활용에 익숙하지 않은 독자
라도 자연스럽게 따라 하며 적용할 수 있도록 도움을 줄 것입니
다. AI 시대를 두려움이 아닌 기회로 만들고 싶은 대학생이라면,
이 책은 가장 든든한 출발점이자 전략서가 되어 줄 것입니다.

김봉환
서울대학교 대학원 상담교육 전공(교육학 박사)
현 숙명여자대학교 교육학부 특임교수
한국진로교육학회 회장
교육부 정책자문위원

CONTENTS

PART 1 AI가 필수가 된 시대

PART 2 학점 올리고 시간을 버는 실전 기술

CONTENTS

PART 5

AI 시대,
꼭 체크해야 할 것들

1

AI가
필수가 된
시대

AI가
필수가 된 시대

"숙제 다 했니?" "리포트 초안 다 썼니?"
엄마의 잔소리나 직장 상사의 독촉이 아닙니다. 바로 내가 인공
지능에게 건네는 말입니다.

Intro: "에이, 인공지능? 그거 다 영화에나 나오는 거지." 불과 몇 년 전까지만 해도 우리는 그렇게 생각했습니다. 터미네이터가 지구를 지배하거나, 아이언맨의 자비스처럼 말대꾸하는 로봇 정도를 상상하면서요.

하지만 지금은 어떤가요? 우리는 이미 주머니 속에 똑똑한 비서 하나씩을 넣고 다니는 시대에 살고 있습니다. 궁금한 게 생기면 검색창보다 AI에게 먼저 물어보고, 골치 아픈 메일 답장이나 보고서 초안도 뚝딱 맡겨버리죠. 공상과학 소설이나 만화에서나 보던 그 '인공지능'이, 이제는 누구나 밥 먹듯이 사용하는 지극히 평범한 현실이 된 것입니다.

이 책은 복잡한 코딩이나 어려운 이론을 다루는 전공 서적이

아닙니다. 변화된 세상에서 우리가 어떻게 이 똑똑한 도구들을 내 손발처럼 부릴 수 있을지, 그 구체적이고 실전적인 안내서에 가깝습니다.

자, 그럼 이제 막연한 두려움은 접어두고, AI라는 거인의 어깨 위에 올라탈 준비 되셨나요? 그 흥미진진한 역사의 시작부터 한번 살펴보시죠.

1. 인공지능의 역사: 가짜에서 진짜로

인공지능은 인간의 지능을 모방하여 학습하고 문제를 해결하는 기술입니다. 그 역사는 '인간을 닮고 싶어 하는 기계의 도전기'라고 할 수 있죠.

- 가짜의 반란, **체스 로봇**: 18세기, 나폴레옹마저 꺾었다던 체스 자동인형 '메카니컬 투르크'. 알고 보니 체스 고수인 사람이 숨어 조종하던 사기극이었죠.

- 진짜의 등장, **딥블루**(Deep Blue): 200년이 지난 1997년, IBM의 '딥블루'가 체스 챔피언 카스파로프를 꺾습니다. 사람인 줄 알았던 기계에 속

았던 인류는, 이번엔 진짜 기계의 실력에 충격을 받습니다.

- 대화의 시작, **엘라이자**(Eliza): 1960년대, 심리상
담사 흉내를 내던 챗봇 '엘라이자'는 단순히 입
력된 패턴대로 대답했을 뿐이지만, 많은 사람들
이 실제 상담사와 이야기하는 줄 알았고, 위로
를 받았습니다.

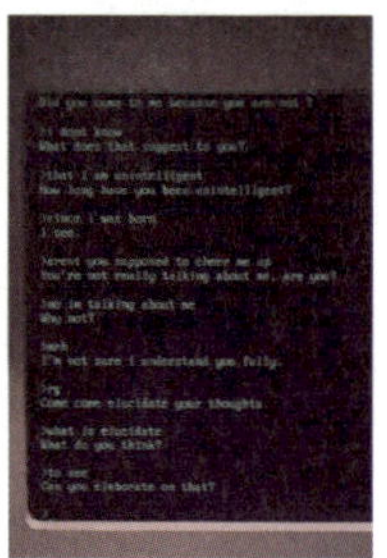

- 직관의 영역, **알파고**(AlphaGo): 계산밖에 못 할
거라 믿었던 기계가 인간의 영역인 바둑에서
신의 영역에 도달했습니다. 2016년 구글의 알

파고는 이세돌 9단과의 대국에서 4승 1패로 승리했습니다. 이세돌
9단은 인공지능이 학습하지 못한 '신의 한 수'를 두어 1승을 거두며
인간의 저력을 보여주었습니다. 9년 뒤 2025년 이세돌 9단은 울산
과학기술원(UNIST)의 기계공학과와 AI대학원의 특임교수로 임용되
었습니다.

* 위 그림들의 출처: 위키피디아

2. 챗지피티(ChatGPT)가 바꾼 인공지능 역사

옛날 옛적(이라고 해봤자 2022년 11월), 챗지피티라는 마법사가 나타
나 세상 모든 질문에 답해주자 사람들은 열광했습니다. 글쓰기,

코딩, 심지어 연애 상담까지. 특정 작업만 하던 기존 AI와 달리 무엇이든 해내는 '범용 인공지능'의 등장은 그야말로 혁명이었습니다. 하지만 마법사의 독주 시대는 길지 않았습니다. 계속해서 새로운 인공지능들이 나타나 각축전을 벌이고 있습니다.

- **퍼플렉시티**(Perplexity): "출처 없는 정보는 가짜다"라며 정확한 각주를 달아주는 신뢰의 아이콘
- **클로드**(Claude): 문학적 감수성과 윤리적 안전함을 무기로 삼은 엔트로픽의 AI
- **제미나이**(Gemini): 구글에서 내놓은 텍스트뿐만 아니라 이미지, 영상까지 한 번에 이해하는 멀티모달(Multi-Modal)의 강자. 2025년은 그야말로 Gemini의 해였죠.

이 외에도 어도비(Adobe)의 제품들이나 캔바(Canva), 피그마(Figma) 등 디자인 도구로 시작했던 프로그램들도 앞다투어 AI를 도입하고 있습니다.

이제 우리의 컴퓨터와 스마트폰은 온갖 필살기를 든 AI 선수들이 경쟁하는 올림픽 경기장이 되었습니다. 사용자들은 행복한 고민에 빠졌죠. "오늘은 누구에게 보고서를 맡기고, 누구랑 수다를 떨까?" 바야흐로 AI 풍년의 시대입니다.

3. AI 카테고리: 무엇을 시킬 수 있나?

현대의 인공지능은 다재다능합니다. 도구함 속 도구들처럼 목적에 맞게 골라 쓰면 됩니다.

- **거대 언어 모델**(LLM, Large Language Model): 방대한 텍스트를 학습해 인간처럼 읽고 쓰는 모델입니다. (예: Gemini, ChatGPT, Claude, HyperClova X)

- **멀티모달**(Multimodal) **거대 언어 모델**: 글자뿐만 아니라 눈(이미지), 귀(음성)가 달려 보고 들을 수 있는 모델입니다. (예: Gemini, ChatGPT)

- **이미지 생성 AI**: "모자를 쓴 고양이 그려줘"라고 하면 화가처럼 그려줍니다. 화풍을 바꾸거나 사진과 같은 이미지를 만들 수도 있죠. (예: Midjourney, DALL-E 3, Stable Diffusion)

- **음성 생성 AI**: 텍스트를 입력하면 감미로운 성우의 목소리로 읽어주거나, 내 목소리를 복제해 다른 언어로 말하게 합니다. (예: ElevenLabs, Typecast)

- **음악 생성 AI**: 작곡을 몰라도 "신나는 재즈풍으로 만들어줘"라고 하면 3분 만에 곡을 뽑아냅니다. (예: Suno, Udio)

- **영상 생성 AI**: 텍스트 설명만으로 영화 같은 고화질 영상을 만들어냅니다. (예: Google Veo, OpenAI Sora, Runway Gen-3, Kling)

4. 프롬프트 엔지니어링의 변화: 기술에서 대화로

초기 AI들에게서 원하는 답을 얻기 위해 복잡한 주문을 외워야 했습니다. 이를 있어 보이게 '프롬프트 엔지니어링'이라고 불렀죠. 마치 코딩하듯 정교한 규칙과 논리를 짜야만 AI가 비로소 말을 알아들었습니다.

하지만 불과 3년 사이, 흐름은 완전히 뒤집혔습니다. 이제는 "이런 느낌으로 프로그램 만들어줘~"라고 대충 말해도 AI가 찰떡같이 알아듣고 코드를 짜주는, 이른바 **바이브 코딩**(Vibe Coding)'의 시대가 열린 것입니다.

AI는 이제 "개떡같이 말해도 찰떡같이 알아듣는" 눈치 100단의 베테랑 비서로 진화했습니다. 이전 대화의 문맥을 기억하는 것은 기본이고, 사용자가 미처 말하지 않은 숨은 의도까지 파악해냅니다. 그러니 이제 중요한 것은 복잡한 명령어를 외우는 '기술'이 아닙니다. **"내가 무엇을 원하고, 이것을 왜 만드는가"를 AI에게 설명할 수 있는 '기획력'과 '소통 능력'입니다.**

바야흐로 딱딱한 '명령어 입력의 시대'가 가고, '자연스러운 대화의 시대'가 도래했습니다. 이제 기술의 장벽은 무너졌습니다. 오직 필요한 것은 여러분의 '상상력'뿐입니다. 그 상상을 현실로 만드는 가장 쉬운 방법, 지금부터 페이지를 넘겨 확인해 보시죠.

학점 올리고 시간을 버는 실전 기술

AI 활용
자기주도학습력 기르기

시간은 없고 할 일은 많고, 방법은 넘치는데
나는 도대체 어디서부터 시작해야 할까?

Intro: 마음은 바쁜데, 머릿속은 하얗다…

눈앞에 할 일이 넘치는데 어디서부터 시작해야 할지 모르겠고, 효과적인 방법도 많지만 정작 나에게 맞는 방법은 잘 감이 오지 않을 때가 있죠. 이럴 때는 남들이 정해준 방식을 따라가기보다는 나에게 딱 맞는 학습 방식을 스스로 설계하고 조율하는 힘이 필요합니다. 그 힘이 바로 '자기주도학습력'입니다. 자기주도학습력은 자신의 특성을 객관적으로 파악하고 계획을 세우고 실행하며 점검하는 능동적인 학습 방식입니다. 여기에 AI와 같은 도구를 활용하면 학습 과정을 더욱 효과적으로 관리하고 개선할 수 있습니다.

그 순간, 마치 기다렸다는 듯 AI 학습 요정 '지니'가 등장합니다.

"공부는 따라가는 게 아니라 설계하는 거예요! VARK 설문으로 학습 유형을 파악하고 생성형 AI와 함께 나만의 공부 루틴을 만들며 자기주도학습력을 키워보세요. 필요한 도구는 이미 준비되어 있답니다. 그럼 이제, 진짜 '당신만의 공부법'을 시작해볼까요?"

- 학습 유형 진단 및 해석: VARK 학습 유형 검사 – 결과 확인 – 생성형 AI 접속 – 학습 유형 분석 – 생성형 AI와 꾸준한 피드백
- 디지털 루틴 설계: 생성형 AI 접속 – 학습 유형 진단 결과와 자신의 목표 및 상황을 바탕으로 프롬프트 입력 – 맞춤 도구 선택 및 추천 받은 도구 활용하여 루틴 관리
- 학습 파트너로 활용: 생성형 AI 접속 – 자신의 목적에 적합한 프롬프트 입력 – 활용

1. 왜 지금, 공부법의 혁신인가?

예전에는 선생님이 알려준 대로, 부모님이 시킨 대로 공부하는 것이 당연했어요. 하지만 지금은 세상이 너무 빠르게 바뀌고 있어요. 더 이상 누가 시켜주는 공부만으로는 부족해요. 이제는 내가 나를 알아야 하고, 나에게 맞는 방법으로 스스로 공부해야 해요. 그게 바로 '자기주도학습'이에요.

그런데 요즘의 자기주도학습은 조금 더 달라졌어요. 내가 스스로 공부 계획을 세우고 AI 도구를 활용해 질문하고 피드백을 받으며 매일 나의 학습을 돌아보는 방식으로 발전하고 있죠. AI는 단순한 검색 도구가 아니라 학습 파트너로서 내가 놓치기 쉬운 부분을 짚어주고 더 깊이 이해하도록 도와주는 중요한 도구

예요.

'나'라는 사람을 정확히 알고, AI와 함께 루틴을 만들어가며 진짜 공부 습관을 만들어가는 것. 그것이 바로, 지금 여러분에게 꼭 필요한 자기주도학습 능력이에요.

2. 나를 아는 공부: 학습 유형 진단과 해석

공부는 '어떻게' 하느냐가 정말 중요해요. 어떤 친구는 글을 읽으며 이해하고, 어떤 친구는 직접 해봐야 이해되죠. 이처럼 사람마다 잘 맞는 학습 방식이 달라요. "그럼 나는 어떤 방식이 잘 맞을까?" 궁금하죠? 이 질문에 대한 답을 찾는 데 아주 유용한 도구가 있어요. 바로 VARK 학습유형 모델입니다. VARK는 학습자가 정보를 가장 효과적으로 받아들이는 경로를 4가지로 구분한 거예요.

- **V** (Visual, 시각): 그래프, 다이어그램, 지도처럼 눈으로 보는 정보에 강한 유형
- **A** (Aural, 청각): 강의를 듣거나 토론하는 등 귀로 듣는 정보에 강한 유형
- **R** (Read/Write, 읽기/쓰기): 책을 읽고, 요약 노트를 만들며 텍스트로 된 정보에 강한 유형
- **K** (Kinesthetic, 운동감각): 직접 만들어보거나, 실험하는 등 몸으로 직접 부딪히며 배우는 것에 강한 유형

물론 한 가지 유형만 속하는 사람은 거의 없어요. 여러 유형이 섞여 있죠. 이 검사는 그중 내가 어떤 방식을 더 선호하는지 알려주는 '나를 위한 사용 설명서'가 될 거예요.

직접 과제를 해결해볼까?

〈과제 해결 단계〉
1단계: VARK 학습유형 검사 → 2단계: 학습 유형 분석 → 3단계: 피드백

☑ 1단계: VARK 학습유형 검사

[VARK 학습유형 검사]를 해보세요.
설문을 마치면, 아래와 같이 V(시각), A(청각), R(읽기/쓰기), K(운동감각) 각 유형에 대한 점수를 확인할 수 있을 거예요.

[결과 예시: V 8, A 4, R 1, K 3]

☑ 2단계: 학습 유형 분석

 예시 프롬프트

너는 학습 전략 전문가(learning strategist)야. 내 VARK 검사 결과를 보고 맞춤형 조언을 해줘. 내 점수는 시각(V): 8, 청각(A): 4, 읽기/쓰기(R): 1, 운동감각(K): 3 이야. 이 결과를 해석해 주고, 내 강점을 극대화할 수 있는 구체적인 공부 팁을 알려줘.

생성형 AI는 여러분의 점수를 해석해서 가장 강력한 학습 유형을 중심으로 맞춤 조언을 해줄 거예요. 예를 들어 "분석 결과, 당신은 8점으로 '시각형(Visual)' 성향이 압도적으로 강하네요! 복잡한 내용은 마인드맵으로 그리거나, 유튜브 영상 자료를 활용하는 것이 최고의 공부법이 될 수 있어요."와 같은 구체적인 팁을 얻을 수 있죠.

☑ 3단계: 피드백

공부법을 실제로 해본 뒤에는, 어떤 점이 좋았고 어떤 점이 아쉬웠는지 구체적으로 기록해 보세요. 예를 들어, 집중이 잘 되었는지, 이해가 쉬웠는지, 동기부여가 됐는지를 생각하고 적으면 좋아요. 그리고 부족했던 부분은 어떻게 개선할지, 다른 방법을 써볼지 계획도 세워보세요. 이렇게 솔직한 경험과 생각을 바탕으로 AI와 피드백을 주고받으면, 더 나만의 효과적인 학습법을 찾을 수 있습니다. 꾸준한 기록과 조절이 자기주도학습의 핵심입니다.

이것이 바로 AI와 함께 만드는, 세상에 단 하나뿐인 나만의 학습 전략입니다! 물론 생성형 AI의 조언은 훌륭한 시작점이며, 마치 AI라는 개인 코치가 나에게 최적화된 운동법을 추천해준 것과 같습니다. 이제 그 추천을 믿고 직접 실천하며 나만의 것으로 체화하는 것은 우리의 몫이죠. 이 팁들을 시작으로 자기주도학습의 첫발을 내딛고, 가장 효율적인 '나만의 공부 시스템'을 단단하게 구축해 나가길 바랍니다.

지니 한마디:

"주인님, 더 알고 싶다면 VARK 공식 홈페이지(vark-learn.com)를 참고하세요. 보물은 직접 찾는 주인님 발걸음에 있으니, 지금 바로 시작하세요!"

공부 계획을 세우고 '작심삼일'로 끝난 경험, 다들 한 번쯤 있죠? 멋지게 만든 종이 계획표는 며칠만 지나면 과거의 유물이 되기 십상입니다. 괜찮아요, 그건 여러분의 의지가 부족해서가 아니라 '도구'가 맞지 않았기 때문일 수 있어요. 이제 종이 대신, 언제 어디서나 나를 관리해 줄 '디지털 공부 비서'를 만들어봅시다. 디지털 도구는 이런 점이 좋아요.

- **알림 기능**: 잊어버릴 걱정 없이 공부 시간을 알려줘요.
- **유연성**: 계획이 바뀌어도 드래그 한 번이면 쉽게 수정할 수 있죠.
- **진도 관리**: 내가 얼마나 해냈는지 한눈에 보며 성취감을 느낄 수 있어요.

어떤 도구가 나에게 맞을까요? 몇 가지 대표적인 도구를 소개할게요.

가. 나의 스타일에 맞는 도구는?

1) 노션 (나만의 만능 디지털 노트): 모든 것을 기록하고 정리하는 '디지털 레고' 같아요. 과목별 노트, 오답 정리, 읽을 책 목록, 목표 관리까지 하나의 공간에서 나만의 스타일로 자유롭게 꾸밀 수 있습니다. 특히 시각형(V)이나 읽기/쓰기형(R) 학습자에게는 최고의 아지트가 될 거예요.

2) 투두리스트 (가장 단순하고 강력한 할 일 관리): '오늘 무엇을 끝내야 하는지'에만 집중하고 싶을 때 최고의 도구입니다. 할

일을 목록으로 만들고, 하나씩 체크하며 지워나가는 쾌감은 생각보다 크답니다. 복잡한 계획이 부담스러운 사람에게 추천해요.

3) 구글 캘린더 (시간을 지배하는 타임 블록): 하루 24시간을 시각적인 블록으로 나눠 관리하는 '타임 블록킹'에 최적화된 도구입니다. '오후 2-4시: 수학 문제 풀기'처럼 약속을 잡듯 공부 시간을 고정해두면, 다른 일에 시간을 뺏기지 않고 집중력을 유지하는 데 큰 도움이 됩니다.

4) 포레스트 (딴짓 방지 집중 타이머): 공부하는 동안 스마트폰을 만지지 않기로 약속하면, 앱 안에서 나무 한 그루가 자라납니다. 중간에 다른 앱을 켜면 나무가 죽어버리죠. 공부 시간을 눈에 보이는 '나만의 숲'으로 만드는 게임 방식이라, 운동감각형(K) 학습자에게 특히 즐거운 동기부여가 될 수 있어요.

나. 생성형 AI로 나만의 공부 루틴 설계하기

이제 '나의 학습 유형'과 '디지털 도구'라는 두 가지 재료를 합쳐, 생성형 AI와 함께 실제 '나만의 공부 루틴'을 설계해 볼 시간입니다. 막연하게 "어떻게 쓸까?"가 아니라 구체적인 루틴 계획을 짜달라고 요청하는 것이 핵심이에요. AI에게 구체적인 목표와 상황을 알려주면 단순히 도구 사용법을 넘어 실행 가능한 '액션 플랜'을 얻을 수 있습니다. 이 도구들을 활용해 '자기주도학습'의 뼈대를 세우고 꾸준히 실천하며 나만의 시스템을 완성해 나가길 바랍니다.

직접 과제를 해결해볼까?

 **예시 프롬프트**

"저는 시각형(V)과 운동감각형(K) 성향이 강한 학생입니다. 생산성 코치가 되어 노션과 포레스트를 활용한 주간 공부 루틴을 만드는 것을 도와주세요. [나의 목표: 2주 안에 있을 선형대수학 시험 준비, 나의 스케줄: 평일 저녁 2시간, 토요일 4시간 공부 가능] 저를 위한 구체적이고 실행 가능한 주간 루틴을 설계해 주세요. 노션에 대해서는 간단한 템플릿 구조를 제안해 주고, 포레스트는 집중력을 유지하기 위해 공부 세션에 어떻게 통합할지 설명해 주세요."

이렇게 구체적으로 질문하면, ChatGPT는 여러분의 개인 코치처럼 다음과 같은 맞춤형 답변을 생성해 줄 거예요.

 **생성형 AI의 답변 예시**

네, V/K 학습자를 위한 선형대수학 시험 대비 루틴을 제안해 드릴게요.

주간 루틴:

월/수/금 (저녁 8–10시): 개념 학습

(8:00–8:25) 포레스트 25분 타이머 시작: 강의 시청 (시각적 학습)

(8:25–8:30) 휴식: 나무 심기 성공! 잠시 스트레칭.

(8:30–8:55) 포레스트 25분 타이머: 시청한 내용을 노션에 마인드맵으로 정리 (시각/운동감각)

… (이하 생략)

화/목 (저녁 8–10시): 문제 풀이

(8:00–8:50) 포레스트 50분 타이머: 연습 문제 풀기 (운동감각)

(8:50–9:00) 휴식:

(9:00–9:50) 포레스트 50분 타이머: 틀린 문제를 노션에 사진 찍어 올리고, 색깔 펜으로 풀이 과정 다시 쓰기 (시각/운동감각)

제시된 예시 프롬프트를 바탕으로 나의 프롬프트를 작성해 보고, 직접 생성형 AI에게 컨설팅을 받아봅시다.

 **나의 프롬프트**

"저는 시각형(V)과 운동감각형(K) 성향이 강한 학생입니다. 생산성 코치가 되어 노션과 포레스트를 활용한 주간 공부 루틴을 만드는 것을 도와주세요. [나의 목표: 2주 안에 있을 선형대수학 시험 준비, 나의 스케줄: 평일 저녁 2시간, 토요일 4시간 공부 가능] 저를 위한 구체적이고 실행 가능한 주간 루틴을 설계해 주세요. 노션에 대해서는 간단한 템플릿 구조를 제안해 주고, 포레스트는 집중력을 유지하기 위해 공부 세션에 어떻게 통합할지 설명해 주세요."

4. 생성형 AI 실전 활용: 24시간 학습 파트너

챗지피티(ChatGPT)는 단순한 검색 엔진이나 요약기가 아닙니다. 여러분이 어떤 역할을 부여하느냐에 따라 무한 변신하는 나만의 24시간 학습 파트너가 될 수 있습니다. 이제 AI를 내 공부에 어떻게 활용할 수 있는지 구체적인 방법을 알아볼까요?

가. 내 수준에 딱 맞는 '친절한 과외 선생님'으로 만들기

이해가 안 되는 부분이 있다면 부끄러워 말고 바로 물어보세요. 초등학생 눈높이로 설명해달라고 할 수도 있습니다.

예시 프롬프트

"미시경제학에서 '한계효용 체감의 법칙'을 대학생 눈높이로, 일상 소비 결정 상황에 빗대어 쉽게 설명해줘."

나. 핵심만 쏙쏙 뽑아주는 '독서 토론 파트너'로 만들기

긴 글을 읽기 전에 핵심을 파악하거나, 다 읽은 후 제대로 이해했는지 확인하고 싶을 때 유용합니다.

 **예시 프롬프트**

"아래 기사 내용을 세 문장으로 요약해줘. 그리고 내가 이 글의 핵심을 잘 이해했는지 확인할 수 있는 날카로운 질문 3개만 만들어줘."

다. 나를 관리해주는 '깐깐한 스케줄 매니저'로 만들기

나의 목표와 상황을 알려주면, AI는 가장 효율적인 계획을 짜줍니다.

 **예시 프롬프트**

"나 오늘부터 3일 동안 중간고사 준비해야 해. 시험 과목은 선형대수학, 대학생을 위한 글쓰기, 실용 영어야. 오후 5시부터 밤 10시까지 공부할 수 있는데, 집중력을 고려해서 과목별 시간표랑 휴식 시간까지 포함된 구체적인 계획을 짜줘."

라. 글쓰기 실력을 키워주는 '글쓰기 코치'로 만들기

내가 쓴 글을 객관적으로 분석하고 개선점을 찾고 싶을 때 활용해 보세요.

AI는 여러분이 얼마나 좋은 질문을 하느냐에 따라 그 가치가 달라집니다. 막연한 질문 대신 구체적인 맥락과 원하는 결과를 함께 제시하는 것, 바로 이것이 AI 시대를 살아가는 자기주도학습자의 핵심 역량입니다.

5. 루틴은 완벽이 아닌 '지속', 성찰로 완성하기

지금까지 여러분은 자신만의 학습 유형을 진단하고, 디지털 도구로 루틴을 설계하며, AI 파트너를 활용하는 법까지 배우며 훌륭한 학습 전략을 갖추었습니다. 하지만 가장 중요한 마지막 퍼즐 조각, 바로 '지속하는 힘'이 남았습니다. 아무리 정교한 계획이라도 예기치 못한 변수로 언제든 틀어질 수 있습니다. 여기서 중요한 것은 계획을 100% 지키려는 '완벽주의'가 아닙니다. 오히려 그 경험을 발판 삼아 어제보다 조금 더 나은 내일을 만들어 가는 '성장 지향적 태도'이며, 이를 가능하게 하는 가장 간단하고 강력한 방법이 바로 '성찰'입니다. 하루를 마무리하는 단 5분 동안 오늘의 성공 경험을 떠올리며 스스로를 격려하고 나의 집중을 방해했던 요소는 무엇이었는지 되짚어 보세요. 또한 AI 파트너를 어떻게 활용했는지 점검하고 이 모든 경험을 바탕으로 내일 시도해 볼 작은 개선 계획 하나를 세워보는 겁니다. 이처럼 구체적인 요소를 바탕으로 한 성찰은 막연한 다짐을 넘어 실질적인 변화를 만드는 가장 확실한 방법입니다. 이렇게 나를 매일 점검하고 기록하는 과정 자체가 나를 관리하는 힘, 즉 메타인지를 기르는 최고의 훈련입니다. 이것이 바로 이 책이 말하는 진짜 자기주도학습입니다.

우리는 더 이상 정해진 지식을 수동적으로 받아들이는 시대에 살지 않습니다. AI가 정보를 찾아주고 디지털 도구가 계획을 관리해 주는 지금, 진짜 공부의 본질은 '나를 이해하고 나를 성장시키는 과정' 그 자체로 바뀌었습니다.

이 책을 덮은 오늘, 거창한 계획 대신 딱 한 가지 작은 행동부터 시작해 보세요. 지금 바로 생성형 AI를 열고 이렇게 첫 질문을 던져 보는 겁니다.

저는 자기주도 학습자가 되고 싶어요. 오늘 제가 실천해야 할 첫 번째 작은 단계는 무엇일까요? 저는 1시간 동안 공부할 수 있어요.

어떤 대답이 나왔나요? 축하합니다. 여러분은 방금 수많은 사람들을 제치고 자기주도학습자로서의 위대한 첫걸음을 내디뎠습니다.

**"당신의 공부를 설계하세요.
당신의 미래가 설계될 것입니다."**

직접 과제를 해결해볼까?

☑ 나를 성장시키는 '하루 5분 성찰 노트'

매일 밤, 아래 질문들에 대한 답을 한두 줄씩 짧게 적어보는 습관을 들여보세요. 노션이나 간단한 메모 앱을 활용하면 좋습니다.

성공 경험 오늘 공부하면서 가장 뿌듯했던 순간은 언제였나요? (e.g., 집중해서 50분 타이머를 채웠을 때, 어려운 수학 문제를 드디어 풀었을 때)

방해 요소 오늘 나의 집중을 가장 방해했던 것은 무엇이었나요? (e.g., 스마트폰 알림, 갑자기 보고 싶어진 웹툰)

AI 활용 오늘 챗지피티에게 했던 질문 중 가장 도움이 됐던 것은 무엇이었나요? 반대로, 아쉬웠던 점은?

개선 계획 오늘의 경험을 바탕으로, 내일은 딱 한 가지만 바꿔본다면 무엇을 시도해보고 싶나요? (e.g., 공부 시작 전에 스마트폰을 다른 방에 두기, AI에게 더 구체적으로 역할을 부여해서 질문하기)

02

에듀테크 도구로 강의 정복하기

강의는 계속 쌓이는데,
노트는 많아질수록 오히려 머릿속이 더 복잡해지지 않나요?

Intro: 들었는데, 내 것이 되지 않는 느낌…

수업 시간에는 고개를 끄덕였는데, 막상 과제나 시험이 다가오면 "그 내용이 뭐였지?" 하고 멈추는 순간이 있습니다. 노트는 점점 두꺼워지는데, 중요한 개념이 어디에 있는지 찾는 데만 시간이 걸리고, 복습은 늘 '처음부터 다시'가 되기 쉽습니다. 이때 많은 학생이 "내가 집중을 못했나?" "내가 머리가 나쁜가?"라고 스스로를 탓하곤 합니다.

하지만 문제는 여러분의 능력보다, 강의를 처리하는 방식에 있을 가능성이 큽니다. 강의는 단순히 '적는 것'으로 소화되지 않습니다. 강의가 내 지식이 되려면 ① 이해(핵심 파악) → ② 구조화(관계 정리) → ③ 회상(스스로 꺼내보기)의 과정이 필요합니다. 그리고 이 과정에서 AI는 필기 부담을 줄여 주는 수준을 넘어, 복습의 순서를 잡아주고, 기억을 오래 남게 만드는 학습 루틴을 설계하는 데 도움을 줄 수 있습니다.

요약을 받는 것만으로는 성적이 오르지 않습니다. 요약을 '내 지식 구조'로 바꿀 때 학습이 완성됩니다. 강의 내용을 내 지식으로 만들기 위해서는 아래의 흐름이 필요합니다.

- 기록(자동화): 강의를 놓치지 않도록 '원본'을 남깁니다.
- 요약(압축): 중요한 것만 남겨 '핵심'을 얻습니다.
- 구조화(연결): 핵심 개념을 관계로 묶어 '지식 지도'를 만듭니다.
- 회상(검증): 퀴즈/질문으로 스스로 꺼내며 '기억'을 고정합니다.

1. 클로바노트[1]– 강의 기록의 부담을 줄여주는 출발점

가. 강의 기록과 요약을 지원하는 AI 노트 도구

클로바노트는 강의나 회의에서 발생하는 음성을 자동으로 텍스트로 변환하고, 핵심 내용을 요약해주는 AI 기반 기록 도구입니다. 학습자는 필기에 쏟던 에너지를 강의의 맥락과 개념 이해에 집중할 수 있습니다.

1) 음성 인식 기반 텍스트 전환과 요약 기능

클로바노트는 녹음된 강의 음성을 텍스트로 전환하고, 주요 주제와 핵심 내용을 중심으로 요약을 제공합니다. 단, 클로바노

---

1. clovanote.naver.com

트의 요약은 '학습의 완성'이 아니라 '학습 재료의 정제 단계'로
이해해야 합니다.

2) 화자 구분 및 핵심 키워드 정리

여러 명이 발언하는 상황에서도 화자를 구분하여 기록하며,
중요 키워드를 자동으로 추출해 학습자가 핵심 개념을 빠르게
확인할 수 있도록 돕습니다.

3) 학습 기록의 공유와 재활용

생성된 요약본은 공유가 가능하여 조별 과제나 팀 학습에서
공동 학습 자료로 활용할 수 있습니다. 이는 개인 학습을 넘어
협력적 학습을 지원하는 기반이 됩니다.

나. 추천 활용 예시

- 전공 수업 녹음 + 자동 요약으로 복습 효율 극대화
- 조별 과제 회의 후 요약 공유 + 할 일 추출
- 인터뷰 녹취 정리 후 리포트 작성 시간 단축
- 교수님의 칠판 필기 + 손필기를 스마트폰으로 찍어서 요약
- 말이 빠른 교수님 강의도 다시 듣기 기능으로 복기
- 팀 과제용 정리본으로도 활용 가능

가. 실시간 번역 · 템플릿 문서화 학습 도구

티로는 "받아쓰기와 요약"을 넘어, 강의·세미나·팀 프로젝트 대화를 곧바로 한 페이지 학습 문서로 바꾸는 데 강점이 있는 실시간 AI 노트테이킹 서비스입니다. 특히 대학 학습 맥락에서는 다국어 실시간 번역, 템플릿 기반 정리노트 자동 생성, 기록된 내용에 대해 다시 묻는 질의응답(Ask)이 핵심 차별점입니다.

1) 실시간 번역으로 '외국어 강의 이해 지연'을 줄이는 도구입니다.

   티로는 음성을 실시간으로 텍스트화하고, 회의/강의 언어와 기록(요약) 언어를 다르게 설정하면 실시간 번역처럼 활용할 수 있도록 안내합니다. 이는 외국어 강의에서 "듣고 → 머릿속 번역 → 필기"로 발생하던 지연을 줄이고, 강의의 논리 전개를 따라가게 해줍니다.

2) '상황(맥락) 입력+템플릿'으로 강의노트를 문서 형태로 완성합니다.

   티로는 기록을 시작하기 전에 대화/강의의 주제·배경(맥락)을 입력하면 더 정확한 요약에 도움이 된다고 안내합니다. 또한 회의록, 강의노트 등 여러 템플릿을 적용해, 기록된

---

2. Tiro.ooo

대화를 원하는 양식의 한 페이지 정리노트로 자동 정리하는 기능을 강조합니다. 이 지점은 단순 요약을 넘어, 대학생에게 중요한 "제출 가능한 형태의 정리본"을 빠르게 만드는 데 직접 연결됩니다.

3) "Ask Tiro"로 기록 이후의 복습을 '질문 중심 학습'으로 전환합니다.

티로는 과거 기록(노트)에 대해 질문하고, 핵심을 다시 추출하거나 액션 아이템을 정리하는 Ask 기능을 전면에 제시합니다. 대학 학습에서는 이 기능을 통해 강의 요약을 읽고 끝내는 것이 아니라, 내가 이해하지 못한 부분을 질문으로 드러내고 재확인하는 복습으로 넘어갈 수 있습니다.

4) 학습 협업(팀플)에서 강점이 커집니다.

티로는 결과물을 링크로 공유하고, 팀 단위 협업(예: 팀 폴더/접근 제어 등)을 지원하는 방향을 제시합니다. 팀 프로젝트에서는 "누가 무엇을 말했는지"보다 "결론이 무엇이고 다음 할 일이 무엇인지"가 성패를 가르는데, 티로의 강점은 바로 이 공유 가능한 정리본을 빠르게 만드는 흐름에 있습니다.

(대학생 학습 관점) 티로를 이렇게 쓰면 효과적입니다.

• 외국어 강의/해외 연사 특강: 강의 언어와 기록 언어를 분리 설정해 실시간 번역 기반으로 따라가며, 강의 후 한 페이지 요약노트로 복습합니다.

- 팀플 회의/인터뷰: 맥락(주제·목표·역할)을 먼저 입력하고 기록을 시작해 요약 품질을 끌어올린 뒤, 템플릿으로 회의록/정리노트를 맞춰 공유합니다.

- 시험·발표 대비: Ask 기능으로 "핵심 주장 3개", "반론 가능 지점", "정의·사례·한계"처럼 교수자가 좋아하는 구조로 재정리합니다.

라. 실습 예시

- 유튜브에서 외국인 강사의 강연을 찾아 티로에 입력해보세요.
  → 실시간 번역 + 문단 스크립트 + 요약 생성

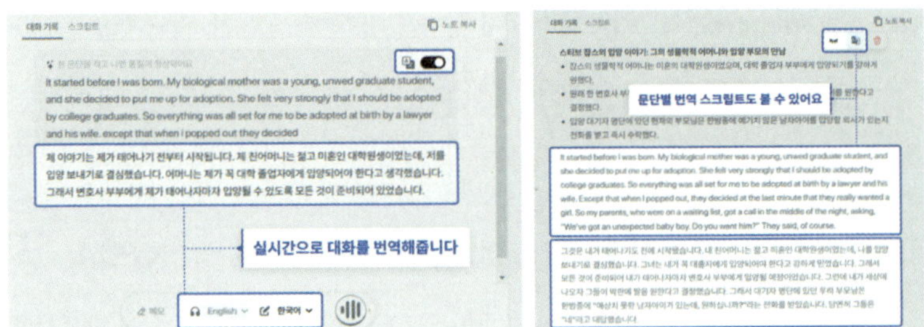

출처:티로 홈페이지

3. 챗지피티[3]· 제미나이[4]+ 노션[5] – 요약을 '지식 구조'로 바꾸는 단계

요약을 받는 것만으로는 성적이 오르지 않습니다. 핵심은 요

---

3. chatgpt.com
4. gemini.google.com
5. notion.com

약을 '내 지식 구조'로 바꾸는 일입니다. 챗지피티(현재 GPT-5.2 기반)와 제미나이를 활용해 요약을 재구성하고, 노션에 축적해 검색 가능한 '나만의 위키'로 만들 수 있습니다.

가. 요약을 구조화로 바꾸는 프롬프트 전략

- '3개 핵심 주제'로 나누고(분류), 각 주제에 '정의 – 예시 – 비교 – 오해'를 붙여 구조화
- 개념 간 관계를 '원인 – 결과 / 상위 – 하위 / 유사 – 차이'로 연결
- 시험 대비용으로는 '문항 생성→오답 분석→재설명' 루프를 돌리기

직접 과제를 해결해볼까?

 **예시 프롬프트**

"이 강의 요약을 아래 형식으로 '위키 초안'으로 만들어 줘.
페이지 제목(1줄)
핵심 개념 5개(각 3문장 이내)
개념 관계도(텍스트: A→B, A↔B)
시험 대비 빈칸 문제 5개 + 해설
헷갈리기 쉬운 오해 포인트 3개와 바로잡기"

이렇게 구체적으로 질문하면, ChatGPT는 여러분의 개인 코치처럼 다음과 같은 맞춤형 답변을 생성해 줄 거예요.

 **생성형 AI의 답변 예시**

- 위키 구조로 정리된 강의 노트
- 시험 대비 문제 포함

제시된 예시 프롬프트를 바탕으로 나의 프롬프트를 작성해 보고, 직접 생성형 AI에게 컨설팅을 받아봅시다.

 **지니 한마디:**

"주인님, '정리'는 머리속에서 끝나면 휘발돼요. 노션에 쌓아 '검색 가능한 형태'로 남겨두는 순간, 공부가 자산이 됩니다!"

4. 릴리스[6] – 강의를 한 장으로 정리하는 시각적 구조화 도구

가. 클로바노트·티로가 '음성 기반 전사/요약'에 강하다면, 릴리스는 요약 결과를 마인드맵·카드 등 시각적 구조로 바꿔 주는 데 특화된 도구입니다. 시험 직전 '한 장 정리'가 필요할 때 특히 유용합니다.

나. 특히 학습자의 이해 수준에 맞춰 강조 키워드와 추가 설명을 덧붙여주기 때문에, 시험 전 복습과 개념 정리에 매우 유용합니다.

---

6. lilys.ai

가. 강의 영상과 음성을 종합적으로 정리하는 학습 지원 AI

다글로는 강의 음성과 영상 자료를 기반으로 핵심 내용을 요약하고, 학습자가 질문하며 내용을 확장할 수 있도록 돕는 국산 AI 도구입니다.

1) 강의 핵심 중심 요약

긴 강의 영상에서도 중요한 부분을 중심으로 요약해 제공하여, 학습자가 불필요한 반복 시청 없이도 핵심을 파악할 수 있습니다.

2) 질의응답 기반 개념 이해 강화

강의 내용을 바탕으로 질문을 생성하거나 학습자가 직접 질문함으로써, 단순 요약을 넘어 개념 이해를 심화할 수 있습니다.

3) 평가 대비 문제 생성

강의 내용을 기반으로 예상 문제나 퀴즈를 생성해, 시험 대비 학습에 활용할 수 있습니다.

---

7. daglo.ai

노트북엘엠은 '내가 올린 자료(소스)' 안에서 요약·질의응답을 수행하는 학습형 도구입니다. 강의 요약본, 교재 PDF, 교수님 자료를 모아 올리면, 그 안에서 근거 기반으로 답을 찾고 복습을 설계할 수 있습니다. 또한 오디오 요약(AI 음성 개요)처럼 '이동 중 복습'에 유리한 기능도 지원합니다.

가. 요약본 기반의 질의응답 + 자동화된 복습 루틴

- 예를 들어, 티로나 클로바노트로 정리한 요약본을 노트북엘엠에 업로드하면, 그 안에서 AI가 자동으로 질의응답을 수행하거나 핵심 정리를 반복해줍니다.
- 또한 제미나이와 연동하면 학습자 맞춤형 퀴즈 생성, 복습 노트 작성까지 자동화할 수 있어 학습 루틴의 자동화에 매우 유리합니다.

 **직접 과제를 해결해볼까?**

✏️ **예시 프롬프트**

"업로드한 강의 자료를 바탕으로,
1) 시험에 나올 가능성이 높은 개념 7개를 뽑아줘.
2) 각 개념마다 '자주 하는 착각' 1개와 바로 잡는 설명을 써줘.
3) 내가 헷갈리는 순서대로 복습계획(30분 루틴)을 짜줘."

---

8. notebooklm.google.com

이렇게 구체적으로 질문하면, 다음과 같은 맞춤형 답변을 생성해 줄 거예요.

 **생성형 AI의 답변 예시**

자료 기반으로 핵심 개념을 우선순위화하고, 오해 포인트를 교정하며, 30분 복습 루틴을 구성합니다.

제시된 예시 프롬프트를 바탕으로 나의 프롬프트를 작성해 보고, 직접 생성형 AI에게 컨설팅을 받아봅시다.

7. AI 기반 강의 학습 루틴의 통합

이상의 도구들은 각각의 기능에 차이가 있으나, 공통적으로 강의 기록 → 요약 → 구조화 → 점검이라는 학습 흐름을 지원합니다.

중요한 것은 특정 도구의 선택이 아니라, 자신의 학습 목적에 맞게 도구를 조합하고 반복적으로 활용하는 학습 루틴을 형성하는 것입니다.

1. 강의 기록 및 요약: 클로바노트 / 티로

2. 시각적 복습과 개념 정리: 다글로 / 릴리스

3. 개념 구조화 및 퀴즈 생성: 챗지피티 + 제미나이 + 노트북엘엠

〈과제 해결 단계〉

1단계: VARK 학습유형 검사 → 2단계: 학습 유형 분석 → 3단계: 피드백

☑ **과제 목표**

전공 강의 1개를 '기록→구조화→회상(퀴즈)' 루틴으로 완주하고, 시험 대비용 산출물을 만든다.

☑ **준비물**

강의 녹음/영상 20~40분, 교재/슬라이드(PDF 가능), 노션(또는 문서 앱)

☑ **진행(필수)**

1) (클로바노트 또는 티로 또는 다글로)로 전사/요약 생성

2) (챗지피티 또는 제미나이)로 '정의 – 예시 – 오해포인트' 구조화+예상문항 10개 생성

3) (릴리스)로 '한장 요약(마인드맵/카드)' 만들기

4) (노트북엘엠)에서 예상 질문 10개를 던져 답하고, 부족한 부분을 오답 노트로 정리

✏️ **예시 프롬프트**

"너는 대학 전공 학습 코치이자 시험 출제 경향 분석가입니다. 아래는 내가 (클로바노트/티로/다글로)로 만든 강의 요약입니다. 이 요약을 '시험 대비용 위키 초안'으로 재구성해 주세요."

핵심 주제 3개로 분류해 주세요.

각 주제마다 아래 형식으로 정리해 주세요.

정의(2문장)

핵심 예시(2개)

자주 하는 오해 2개 + 바로잡기

개념 관계(상위 – 하위 / 원인 – 결과 / 유사 – 차이 중 최소 2가지 연결)

마지막에 예상문항 10개를 만들어 주세요.

6개는 객관식(보기 4개), 4개는 단답형으로 구성해 주세요.

각 문항마다 정답과 2~3문장 해설을 붙여 주세요.

내가 취약할 가능성이 큰 부분을 '오답노트 후보 5줄'로 뽑아 주세요(왜 틀릴지 이유 포함)."

이렇게 구체적으로 질문하면, 다음과 같은 맞춤형 답변을 생성해 줄 거예요.

 **생성형 AI의 답변 예시**

가정된 강의 주제: 「미분의 정의와 기본 개념」 – 대학 기초수학

■ **강의 요약** (시험 대비 핵심 요약)

이 강의는 미분의 정의, 변화율의 의미, 그리고 기하적·물리적 해석을 중심으로 구성된다.

미분은 단순한 계산 기법이 아니라, 함수가 순간적으로 얼마나 빠르게 변하는지를 수학적으로 표현하는 도구이다.

시험에서는 정의 공식의 의미, 극한과의 관계, 그리고 해석적·그래프적 이해가 함께 출제되는 경우가 많다.

핵심 키워드 정리

· 미분 (Derivative)

· 변화율 (Rate of Change)

· 극한 (Limit)

· 접선의 기울기

· 순간 변화량

주제별 핵심 정리 (형식화)

1 **정의**(요점)

· 미분이란 함수의 한 점에서의 순간 변화율을 의미한다.

· 수식으로는

$$f'(x) = \lim_{h \to 0} \frac{f(x+h) - f(x)}{h}$$

2 **자주 하는 오해 2가지 + 바로잡기**

❌ 오해 1: 미분은 단순히 공식을 외워서 계산하는 것이다

✅ 바로잡기: 미분은 변화의 **의미**를 **해석하는** 개념이며 계산은 도구
일 뿐이다.

❌ 오해 2: 극한과 미분은 별개이다

✅ 바로잡기: 미분은 **극한** 개념 **없이는** 정의될 수 없다.

3 **개념 관계성 정리 (최소 2가지 연결)**

· 미분 ↔ 극한: 미분은 극한의 응용 개념이다.

· 미분 ↔ 기울기: 미분값은 접선의 기울기와 동일하다.

· 미분 ↔ 속도: 물리적으로는 위치의 미분이 속도를 의미한다.

✏️ **핵심 예시 2개**

예시 1

f(x)=x²일 때,

$$f'(x) = \lim_{h \to 0} \frac{(x+h)^2 - x^2}{h} = 2x$$

예시 2

위치 함수가 s(t)=t²라면, 속도는

$$v(t) = s'(t) = 2t$$

▪️ 미분은 실제 현상(속도 변화)을 설명하는 언어이다.

📌 **예상문항 10개**

1. 미분의 정의를 극한을 이용해 서술하시오.

2. 평균 변화율과 순간 변화율의 차이를 설명하시오.

3. 접선의 기울기와 미분의 관계를 설명하시오.

4. f(x)=x³의 도함수를 구하시오.

5. 미분이 존재하기 위한 조건을 쓰시오.

6. 미분이 불가능한 경우의 예를 하나 드시오.

7. 극한이 존재하지만 미분이 불가능한 경우를 설명하시오.

8. 물리학에서 미분이 사용되는 이유를 설명하시오.

9. 그래프에서 미분값이 0이라는 의미는 무엇인가?

10. 연속성과 미분 가능성의 관계를 설명하시오.

⚠️ **오답률 높은 부분 TOP 5**

1. 평균 변화율과 순간 변화율 혼동

2. 극한을 계산하지 않고 공식만 적용

3. 접선의 의미를 그래프로 연결하지 못함

4. 물리적 의미(속도)와 수학 개념 분리

5. 연속성과 미분 가능성을 동일시함

🌱 **2~3문장 핵심 정리**

미분은 계산보다 **의미 이해가 먼저인** 개념이다.

극한을 통해 변화의 순간을 포착하며, 수학 · 물리 · 공학 전반의 언어로 사용된다.

시험에서는 정의, 해석, 적용을 함께 묻는 문제가 자주 출제된다.

☑ **자기 점검 질문**

- 요약을 단순 복사하지 않고, '내 말'로 재구성했는가?
- 한 장 요약만 보고도 60초 설명이 가능한가?
- 틀린 문제(오답)가 내 약점을 정확히 가리키는가?

결과적으로 여러분은 필기보다
'이해'와 '구성'에 집중할 수 있게 됩니다.
AI와 함께 강의를 정복하세요!

밤새도록 컴퓨터 앞에 앉아 빈 문서를 바라보며 "뭘 써야 할까?", "어떻게 시작해야 할까?" 고민만 하고 있진 않으신가요? 산더미 같은 참고 자료를 정리할 엄두조차 내기 어려울 때, AI 기반 글쓰기 도구들이 강력한 해결책이 될 수 있습니다. 지금부터 자료 검색부터 맞춤법 검사까지, 여러분의 보고서 작성을 혁신할 AI 도구들을 자세히 알려드리겠습니다. 이 글에서는 한국어 글쓰기와 영어 글쓰기에 최적화된 AI 도구들을 각각 소개합니다.

- 한국어 글쓰기: 뤼튼의 AI 완벽요약, AI 탐지방어, 리포트 도구를 활용해서 리포트 써보기 – 디비피아 AI로 학술 글쓰기 마스터하기 – 싸이티지로 손쉽게 인용하기 – 미리캔버스 AI 라이팅으로 마무리하기
- 영어 글쓰기: 노트북엘엠 & 챗지피티로 아이디어 생성하기 – 그래머리로 네이티브 수준 영작하기 – 퀼봇으로 패러프레이징 마스터하기

한국어로 글쓰기를 할 때 가장 먼저 부딪히는 어려움은 자료 정리와 글의 구조를 잡는 일입니다. 다행히도, 이러한 과정을 도와주는 다양한 AI 도구들이 등장하면서 글쓰기의 부담을 크게 줄일 수 있게 되었습니다. 그중 대표적인 도구인 뤼튼을 활용한 보고서 작성 과정을 먼저 살펴보겠습니다.

가. 뤼튼으로 완벽한 보고서 만들기

1) AI 완벽요약으로 자료 정리하기

긴 논문이나 책을 읽고 핵심만 뽑아내는 작업, 정말 힘들죠? 30페이지짜리 논문을 다 읽을 시간도 없고, 읽어도 중요한 부분이 어디인지 헷갈릴 때가 많습니다. 뤼튼의 AI 완벽요약 기능을 사용하면 이런 고민이 한 번에 해결됩니다.

• **실제 사례: 저출산 문제에 대한 자료 정리**

예를 들어 '저출산 문제의 사회경제적 영향과 해결 방안'에 대한 리포트를 써야 한다고 가정해봅시다. '저출산의 원인에 관한 연구: 산업사회의 변화와 여성의 사회진출을 중심으로'라는 논문을 읽어야 하는 상황입니다. 이 경우 뤼튼에 접속해서 AI 완벽요약을 선택한 후, 이 논문의 pdf를 업로드합니다. 그러면 바로 아래 '맛보기' 형태의 요약본이 먼저 제시됩니다.

▷ **맛보기:** 이 논문은 저출산의 원인을 산업사회의 변화와 여성의 사회진출을 중심으로 종적으로 분석하고 있다. 연구 결과, 저출산은 여성들이 탈산업사회에서 자율적으로 결혼과 출산을 선택하는 경향과 가부장제 및 경제적 불평등이 영향을 미친다는 것을 보여준다. 저자는 저출산 문제 해결을 위해 정부와 기업이 함께 제도적 지원을 강화해야 한다고 제안하고 있다.

그리고 하단의 '완벽요약'을 클릭하면 이 논문의 요약본이 나옵니다[9]. 또는 유튜브 링크를 올릴 수도 있고, 텍스트를 직접 입력할 수도 있고, 웹사이트 링크를 올려도 됩니다. 지금까지 50페이지 보고서를 읽는 데 2시간이 걸렸다면, 이제 5분 만에 핵심을 파악할 수 있습니다.

2) AI 탐지방어로 자연스러운 글쓰기

AI로 작성한 글이 너무 티가 날까 봐 걱정되시나요? 뤼튼의 AI 탐지방어 기능이 이런 고민을 해결해줍니다. 이 기능은 AI가 작성한 듯한 어색한 표현들을 자연스러운 문체로 변환해주는 역할을 합니다.

• **변경 전후 비교 예시**

▷ **변경 전** (AI스러운 문체): 저출산 현상은 다각적인 요인들이 복합적으로 작용하여 발생하는 사회적 현상으로서, 경제적 부담, 사회적 환경 변화, 개인의 가치관 변화 등이 주요한 영향을 미치고 있다.

---

9. bit.ly/3lkzpg8

▷ 변경 후 (자연스러운 문체): 저출산 현상은 단일 원인이 아닌 다양한 요인들이 얽혀 발생하는 복합적인 사회 문제로, 경제적 어려움, 사회 환경의 급격한 변화, 그리고 개인의 가치관 전환 등이 핵심적인 영향을 미치고 있다.

이처럼 딱딱하고 어색한 표현을 자연스럽고 읽기 쉬운 문체로 바꿔주어 더 설득력 있는 글을 만들 수 있습니다. 그리고 '드롭다운 아이콘'에서 '기본', '학교', '블로그', '취업', '창작', '업무'와 같이 다양한 스타일 중 하나를 선택할 수 있으며, 선택한 스타일에 따라 글의 어조, 단어 선택, 구조가 자연스럽게 변화합니다.

3) 리포트 도구 활용하기

뤼튼의 '리포트' 도구를 활용하면 보고서 작성을 시작하는 데 필요한 명확한 방향을 제시받을 수 있습니다.

• 리포트 도구 활용 예시

가) 과제 설명: 저출산 문제의 사회경제적 영향과 해결 방안에 대한 리포트 쓰기

- 과제 분량: 2페이지로 설정 (최대 5페이지까지 설정 가능)

- 보충 자료 첨부하기: 저출산 문제와 관련된 자료 pdf, docx, hwp, txt 파일 3개까지 업로드 가능

- URL 입력: 2개까지 입력 가능

나) 내용 선정: 만들고 싶은 과제 내용 선택하기

　　ex) 저출산이 한국 사회와 경제에 미치는 영향 선택

다) 구조 잡기

　　서론 – 본론 – 결론 구조 작성 (내용이 마음에 들지 않는 경우 직접 입력도 할 수 있으며, 드래그하여 목차 순서도 조절 가능합니다. 만약 마음에 든다면 '과제 만들기'를 클릭합니다)

라) 결과물: 실제 결과물을 바로 확인할 수 있습니다[10]. 서론부터 결론까지 완벽하게 리포트를 작성해주며, 만약 최종 결과가 마음에 들지 않으면 우측 상단에 있는 '리포트 다시 작성하기'를 클릭하면 다시 시작할 수 있습니다. 이런 식으로 체계적인 틀을 제공해주니 어디서부터 시작해야 할지 막막했던 고민이 사라집니다.

나. 디비피아(DBpia) AI[11]로 학술 글쓰기 마스터하기

1) AI 검색으로 정확한 자료 찾기

학술 자료를 찾을 때 막막했던 경험이 있으시죠? 검색어를 어떻게 넣어야 할지 모르겠고, 나오는 결과도 원하는 것과 거리가 멀 때가 많습니다. 디비피아의 AI 검색은 이런 문제를 해결해줍니다.

---

10. bit.ly/3Girr6y
11. ai.dbpia.co.kr

• 저출산 연구를 위한 실제 검색 과정

가) AI 검색: "저출산이 노동시장과 경제성장에 미치는 장기적 영향을 분석한 2020년 이후 연구"라고 검색하면 요약, 핵심 논문 모음, 논문 인사이트까지 자동으로 정리해줍니다.

나) AI 검색 결과로 나온 핵심 논문들:

- "경제성장과 지역 격차가 합계출산율에 미치는 영향" (김태완 외, 2024)

- "인구감소 시대의 재정분권과 경제성장" (박순애 외, 2024)

- "저출산.고령화 영향 인식이 계속고용 지지에 미치는 효과: 세대의 조절효과를 중심으로" (은종환 외, 2025)

이러한 AI 검색 결과는 수많은 자료 속에서 필요한 정보를 선별하는 시간을 획기적으로 줄여주며, 연구의 질을 높이는 데 기여합니다.

2) AI 뷰어로 논문 빠르게 이해하기

우측에 뜨는 논문을 클릭하면 PDF 파일창으로 바로 연결됩니다. 그런데 논문을 읽다 보면 중요한 부분이 어디인지 찾기 어려울 때가 많습니다. 디비피아의 AI 뷰어는 논문의 핵심 내용을 요약해서 보여주고, 논문에 대해 자유롭게 AI와 질문하고 답변을 주고받을 수 있습니다. '목차 기준 요약', '연구방법 기준 요약', '쉬운 요약' 등이 있어 논문 내용을 빠르고 쉽게 이해할 수 있도록 돕습니다.

- **AI 뷰어 분석 예시**

"저출산.고령화 영향 인식이 계속고용 지지에 미치는 효과: 세대의 조절효과를 중심으로"라는 논문을 클릭하면 우측 화면에서 AI가 자동으로 논문의 요약을 제시해줍니다. 그리고 아래 화면에서는 추가 질문 예시를 보여줍니다. 이 중 하나를 클릭하면 그 질문에 대해 바로 답해줍니다.

▷ 질문 예시: 저출산 및 고령화의 영향에 대한 인식이 계속고용 지지에 미치는 효과는 왜 중요한가요?

▷ 답변 예시: 저출산 및 고령화의 영향에 대한 인식이 계속고용 지지에 미치는 효과는 여러 측면에서 중요합니다. 이러한 인식은 계속고용 정책에 대한 사회적 합의 형성과 정책 수용 가능성을 설명하는 핵심 요인이기 때문입니다.

이처럼 AI 뷰어는 논문 탐색 시간을 크게 절감시키고, 복잡한 내용을 빠르게 파악할 수 있도록 돕습니다.

3) 싸이티지(Citeasy)로 완벽한 인용

참고문헌 정리하기가 정말 번거롭죠? 인용 형식도 복잡하고, 빠뜨리는 정보도 많습니다. 이럴 때 싸이티지를 사용하면 고민이 사라집니다.

- **실제 인용 변환 예시**

  ▷ 싸이티지 사용 시: 논문 URL만 입력 → 1초 만에 완벽한 APA
  형식으로 변환

  ▷ 예시: "DBpia에서 한국의 저출산 인구정책 분석–정책조합과
  시공간 효과를 중심으로"라는 논문 검색 후 왼쪽 하단에 '인용
  하기'를 클릭하면 바로 인용 창이 뜹니다. 복사 인용 부분에서
  원하는 양식으로 변경하면 참고문헌 양식과 내주 양식이 자동
  으로 나옵니다. 필요한 부분을 복사해서 붙여넣기만 하면 됩니
  다[12].

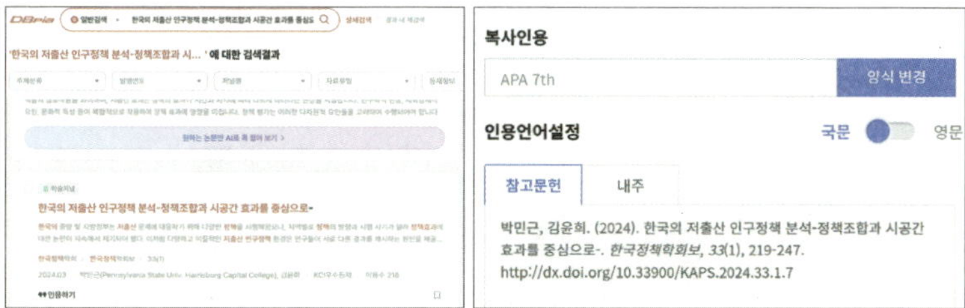

[그림]. DBpia에서 논문 검색 후 인용하기

기존에 참고문헌 10개를 정리하는 데 1시간이 걸렸다면, 이제
3분이면 완료됩니다.

---

12. dx.doi.org/10.33900/KAPS.2024.33.1.7

"주인님, 인용을 생성한 뒤에는 DOI 링크를 한번 더 클릭해 보세요. 메타데이터가 최신인지, 첫 페이지·권·호·쪽수 등이 정확히 입력됐는지 바로 확인할 수 있습니다.
논문을 여러 편 추가할 때는 '내보내기 → BibTeX'로 일괄 다운로드해 조테로(Zotero)나 멘델리(Mendeley)에 불러오면 참고문헌 정리에 드는 시간을 절반으로 줄일 수 있어요!"

다. 미리캔버스[13] AI 라이팅으로 마무리하기

1) 맞춤법 완벽 교정

글을 다 쓰고 나서 맞춤법 검사할 때 일일이 찾기 어려우셨죠? 미리캔버스의 AI 라이팅 기능은 작성한 글을 업로드하면 맞춤법, 띄어쓰기, 문법 오류를 한 번에 교정해줍니다. 미리캔버스에서 작업할 템플릿을 정한 후 좌측 배너에서 텍스트를 선택하고 글쓰기 작업을 합니다. 이후 맞춤법 교정을 위해 글쓰기한 내용을 클릭하고 상단에 있는 'AI 라이팅'을 클릭하면 됩니다. 이 중 처음에 나와 있는 '맞춤법 검사'를 클릭하면 오류가 자동으로 수정되며, 수정된 부분은 파란색으로 표시되어 변경 내용을 한눈에 확인할 수 있습니다.

---

13. miricanvas.com

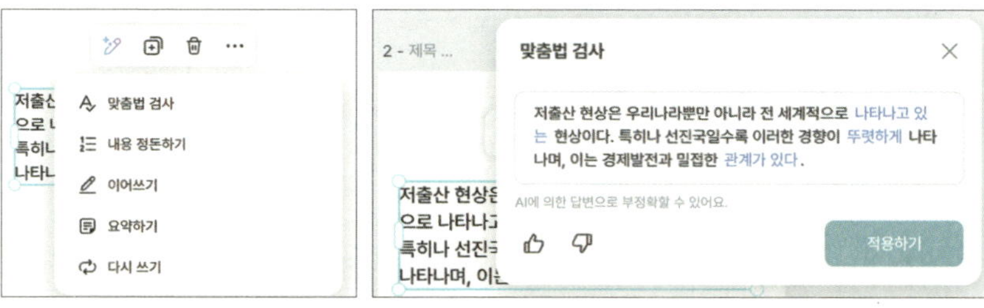

[그림] 미리캔버스 AI 라이팅 기능을 활용한 맞춤법·문법 자동 교정 예시

• 실제 교정 예시

▷ 교정 전: "저출산 현상은 우리나라뿐만아니라 전 세계적으로 나타나고있는 현상이다. 특히나 선진국일수록 이러한 경향이 뚜렷하게 나타나며, 이는 경제발전과 밀접한 관계가있다."

▷ 교정 후: "저출산 현상은 우리나라뿐만 아니라 전 세계적으로 나타나고 있는 현상이다. 특히 선진국일수록 이러한 경향이 뚜렷하게 나타나며, 이는 경제발전과 밀접한 관계가 있다."

이처럼 한국어 보고서 작성 과정에서 AI 도구들을 적절히 활용하면, 자료 조사부터 구조 설계, 문체 교정과 인용 정리까지 훨씬 수월하고 전문적인 결과물을 만들 수 있습니다. 이제 다음으로, 많은 대학생들이 어려움을 느끼는 영어 글쓰기 과정에서도 어떻게 AI 도구들을 효과적으로 활용할 수 있는지 함께 살펴보겠습니다.

영어로 글을 써야 한다는 생각만으로도 부담을 느끼시나요? 걱정하지 마세요. AI 도구를 활용하면 누구나 원어민처럼 명확하고 논리적인 글을 쓸 수 있습니다. 지금부터 저출산 문제를 주제로 영어 에세이를 완성하는 과정을 하나씩 따라가 보겠습니다.

가. 노트북엘엠 & 챗지피티로 아이디어 생성

1) 노트북엘엠 활용법

글을 쓰기 전에 아이디어가 떠오르지 않을 때가 많습니다. 이때 노트북엘엠을 이용해 보세요. 노트북엘엠과 같은 AI 도구를 활용하면 방대한 정보를 효율적으로 탐색하고, 복잡한 아이디어 간의 연관성을 손쉽게 파악하여 글쓰기 과정의 첫 단추를 성공적으로 꿸 수 있습니다.

- **저출산 연구를 위한 노트북엘엠 활용**

  ▷ 업로드 자료: PDF, txt, Markdown, mp3, png, jpg, jpeg, 웹사이트 링크, 텍스트 붙여넣기 외에도 구글 드라이브 자료까지 모두 업로드할 수 있습니다.

  ▷ 실제 예시: 저출산·고령화 영향 인식이 계속고용 지지에 미치는 효과: 세대의 조절효과를 중심으로(2025), 저출산 대응을 위한 양육친화 주거 지원 방안(2025) 두 개의 pdf 파일을 업로드합니다. 그리고 저출산 문제 원인 및 해결 방안에 대한 글을 작성

한 블로그 사이트 url을[14] 붙여넣기 한 후 이 세 자료의 공통된 부분을 작성해달라고 요청합니다. 실제 요약본의 예시는 각주에 있는 링크를 클릭하면 확인할 수 있습니다[15]. 이처럼 노트북엘엠은 아이디어 생성과 자료 분석의 부담을 줄여주어, 영어 글쓰기에 필요한 논리적 기반을 탄탄하게 다지는 데 결정적인 도움을 줄 것입니다.

2) 챗지피티 프롬프트 예시

챗지피티에게 체계적인 글쓰기 도움을 받으려면 구체적으로 요청해야 합니다. 다음은 효과적인 프롬프트 예시입니다.

예시 프롬프트

Write a detailed outline for a 2000-word academic essay about 'The Socioeconomic Impact of Low Fertility Rates in South Korea: Challenges and Policy Solutions.' The essay should include: 1) Introduction with thesis statement, 2) Three main body paragraphs analyzing economic impacts, social consequences, and policy responses, 3) Comparative analysis with other developed countries, 4) Conclusion with recommendations. Each section should have specific subtopics and suggested evidence types.

이렇게 상세한 개요를 받으면 어떤 내용을 어떤 순서로 써야 할지 명확해집니다. 이처럼 AI가 제공하는 체계적인 개요는 단

---

14. blog.naver.com/modernplace8090/223815118277
15. bit.ly/4eZmUmt

순히 글의 뼈대를 넘어, 각 섹션에 어떤 내용을 담아야 할지, 그리고 어떤 종류의 증거 자료를 활용해야 할지에 대한 구체적인 지침을 제시합니다. 이는 글쓰기 과정에서 발생할 수 있는 막연함과 혼란을 크게 줄여주며, 논리적이고 설득력 있는 에세이를 작성하는 데 필수적인 로드맵 역할을 합니다.

나. 그래머리(Grammarly)[16]로 네이티브 수준 영작하기

1) 실시간 문법 교정

영어로 글을 쓸 때 가장 걱정되는 게 문법 실수입니다. 그래머리는 여러분이 타이핑하는 동시에 문법, 철자, 구두점 오류를 즉시 찾아서 수정해줍니다. 노트북엘엠과 챗지피티를 통해 글의 구조를 탄탄하게 잡고 아이디어를 정리했다 하더라도, 실제로 영어 문장을 작성하는 단계에서는 여전히 문법적 오류나 어색한 표현에 대한 걱정이 앞설 수 있습니다. 이때 그래머리와 같은 도구가 빛을 발합니다.

- **실제 교정 과정**
  - ▷ 원본 작성: Low birth rate is becoming serious problem in many developed country. This phenomena affect the economic growth and social structure significant.

---

16. grammarly.com

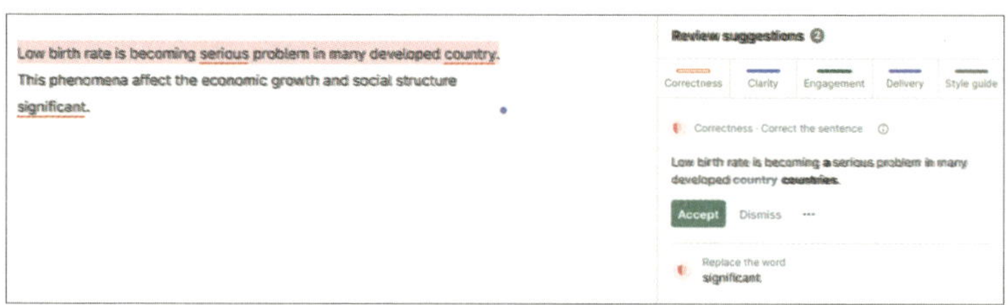

[그림] 그래머리 실시간 교정 화면

이렇게 영어 문장을 타이핑하면 문법적으로 어색하거나 틀린 부분에 빨간 색 밑줄이 표시되고, 우측 화면에는 올바른 표현을 자동으로 추천해줍니다. 다음으로는 문체 개선 기능을 살펴보겠습니다.

2) 문체 개선 제안

그래머리에는 'Improve it' 기능이 있는데, 이것은 단순히 오류를 수정하는 것을 넘어, 문장의 전체적인 흐름과 어조를 개선하여 더 세련된 표현을 제안합니다. 'Improve it'을 누르면 더 나은 문장으로 개선된 문장을 보여줍니다. 다음은 변환 예시입니다.

• Improve it 변환 예시

> 🖋 **Improve it**
>
> **Low birth rates are becoming a serious problem in many developed countries. This phenomenon significantly affects economic growth and social structure.**

[그림] Improve it으로 수정된 예문

그래머리는 단순히 문법 오류를 수정하는 것을 넘어, 문맥에 맞는 자연스러운 표현과 원어민이 사용하는 어휘를 제안하여 여러분의 영어 글쓰기를 한 단계 더 발전시켜 줍니다. 구조와 아이디어가 아무리 훌륭해도 문법적 정확성이 뒷받침되지 않으면 글의 신뢰도가 떨어질 수 있는데, 그래머리는 이러한 부분을 완벽하게 보완해주어 마치 원어민이 직접 교정한 듯한 수준 높은 영작을 가능하게 합니다.

다. 퀄봇으로 패러프레이징 마스터

1) 다양한 패러프레이징 모드 활용

퀄봇을 활용하면 같은 문장이라도 Standard, Fluency, Academic, Creative 등 다양한 패러프레이징 모드를 통해 문체와 어조를 자유롭게 조절할 수 있습니다. 저출산 문제에 대해 적은 한 문장을 다른 모드로 바꿔보겠습니다.

• **다양한 모드 변환 예시**

  ▷ 원본 문장: South Korea's fertility rate has dropped to 0.72, making it one of the lowest in the world and raising concerns about economic sustainability.

  ▷ Academic 모드: South Korea's birth rate has declined to 0.72, ranking among the lowest globally and prompting worries regarding economic sustainability.

▷ Creative 모드: South Korea's fertility rate has plummeted to 0.72, putting the country's economic future in jeopardy.

지니 한마디:

"주인님, 유료 기능도 괜찮다면 패러프레이징 후에 Plagiarism Checker (프리미엄)로 한 번 더 점검하면 좋습니다. 유사도 색상 표시를 참고해 인용이 빠진 문장을 바로 고치고, 표절률을 15% 미만으로 낮추면 안심할 수 있습니다. 다국어 지원이라 한국어·영어 혼합 문서도 한 번에 확인 가능하니, 최종 제출 전 "독창성·정확성" 두 마리 토끼를 놓치지 마세요!"

2) 동의어 제안 기능

영어 글쓰기에서 같은 단어를 반복해서 사용하면 지루해 보입니다. 퀼봇은 단어를 클릭하기만 하면 문맥에 맞는 다양한 동의어를 제안해줍니다.

• 동의어 제안 예시

▷ "Economic impact" 관련 표현들:

· Economic → Financial, Monetary, Commercial, Fiscal

· Impact → Effect, Influence, Consequence, Ramification

· Problem → Challenge, Issue, Concern, Dilemma

· Significant → Substantial, Considerable, Notable, Remarkable

예를 들어 'important'라는 단어를 반복해 쓰고 있다면, 'significant', 'crucial', 'vital', 'essential', 'pivotal' 등 상황에 맞는 대체 단어들을 보여주어 더 풍부한 표현의 글을 쓸 수 있게 도와줍니다.

지금까지 AI 기반 글쓰기 도구들이 한국어와 영어 글쓰기 과정에서 어떻게 여러분의 부담을 덜어주고, 더 나아가 글의 품질을 향상시킬 수 있는지 자세히 살펴보았습니다. 자료 요약부터 아이디어 생성, 문법 교정, 그리고 자연스러운 패러프레이징에 이르기까지, AI는 이제 단순한 보조 도구를 넘어 여러분의 글쓰기 역량을 한 단계 끌어올리는 강력한 파트너가 될 것입니다.

물론 AI 도구가 모든 것을 대신해 줄 수는 없습니다. 중요한 것은 AI의 도움을 받아 글쓰기 과정의 효율성을 극대화하고, 절약된 시간을 통해 내용의 깊이를 더하고 창의적인 아이디어를 발전시키는 데 집중하는 것입니다. 다음은 여러분들을 위한 '성공적인 AI 활용 글쓰기를 위한 조언'입니다.

지니 한마디:

"주인님, 성공적인 AI 글쓰기를 위한 조언을 해드릴게요!

1. AI는 훌륭한 도구이지만, 창의적 아이디어와 비판적 사고는 여러분의 몫입니다.

2. 한 번에 모든 것을 완성하려 하지 말고, 단계별로 차근차근 진행하세요.

3. AI의 결과물을 맹신하지 말고 반드시 본인이 검토하고 수정하세요.

4. 이론만으로는 부족합니다. 실제로 AI 도구들을 사용해보며 익숙해 지세요.

5. AI를 활용하되, 표절이나 부정행위가 되지 않도록 주의하세요.

AI는 여러분의 글쓰기 여정을 더욱 스마트하고 즐겁게 만들어 줄 것입니다. 이제 여러분이 직접 AI 도구를 활용하여 글쓰기 능력을 향상시킬 차례입니다. 아래 제시된 과제를 통해 오늘 배운 내용을 실제로 적용해보고, AI와 함께하는 새로운 글쓰기 경험을 시작해 보세요!

직접 과제를 해결해볼까?

이제 배운 내용을 실제로 적용해 볼 시간입니다! 아래 과제들을 단계별로 해결해보세요.

☑ 과제 1 (기본): 한국어 글쓰기 마스터 주제
"우리 대학의 지속가능한 캠퍼스 만들기 방안"

- **단계별 실습**
  - ■ 뤼튼 AI 완벽요약 활용
    - · 환경부의 '대학 친환경정책 가이드라인' 요약하기
    - · 다른 대학의 친환경 사례 3개 조사하여 요약
  - ■ 디비피아 AI 검색 활용
    - · "대학 캠퍼스 친환경정책 효과성" 관련 논문 3편 검색
    - · AI 뷰어로 핵심 내용 파악하기

■ 뤼튼 리포트 도구로 다음 구조의 2000자 보고서 초안 작성
- 서론: 지속가능한 캠퍼스의 필요성
- 본론: 현황 분석, 문제점, 개선방안
■ 미리캔버스 AI 라이팅으로 맞춤법 및 문체 교정
■ 싸이티지로 참고문헌 정리

☑ **과제 2 (심화): 영어 에세이 완성 주제 "The Impact of Digital Technology on University Education: Opportunities and Challenges"**

• **단계별 실습**
■ 챗지피티 아이디어 생성프롬프트: "Write a detailed outline for a 1500-word academic essay about how digital technology is transforming university education. Include both positive impacts and challenges, with specific examples."
■ 노트북엘엠 활용
- 관련 자료 (뉴스 기사, 연구보고서 등) 3-5개 업로드
- AI가 제안하는 연결점과 새로운 관점 확인
  - 초안 작성(노트북엘엠으로 얻은 자료와 아이디어를 바탕으로 아래 구조에 맞춰 초안을 작성하기)
- Introduction (150 words): Hook, background, thesis statement
- Body Paragraph 1 (400 words): Positive impacts (online learning, accessibility)
- Body Paragraph 2 (400 words): Challenges (digital divide, reduced interaction)
- Body Paragraph 3 (400 words): Future implications and solutions
- Conclusion (150 words): Summary and recommendations
■ 퀼봇 패러프레이징
- 아카데믹 모드로 문체 개선
- 동의어 기능으로 어휘 다양성 증가
■ 그래머리 교정
- 실시간 문법 교정
- Tone 조절 (Academic)
- clarity 및 engagement 점수 확인
■ 싸이티지로 참고문헌 정리

복습할 시간도 없는데 무슨 예상문제 출제냐고요? AI와 함께라면 달라져요!

Intro: 공부할 때마다 새로 시작하는 기분…

이번 시험, 또 벼락치기로 준비하나요? 공부는 했지만 막상 복습할 때마다 무엇을 보아야 할지 막막하고, 개념은 기억나는데 문제를 풀면 틀리는 경험, 모두가 겪는 일입니다.

하지만! 이제는 개념 정리부터 예상 문제 제작까지, AI와 함께 자동화할 수 있어요. 지니와 함께 나만의 루틴을 만들면, 공부가 쉽게 반복할 수 있는, 예측 가능한 일이 됩니다.

- 문제 출제 자동화: Quizlet/Brisk Teaching으로 카드 문제 생성 실습 → ChatGPT/Mentimeter: 예상 문제 생성 · 실시간 복습자료 만들기 → 멀티 모달 AI로 서논술형 답변 채점 및 피드백
- 프롬프팅 훈련: 프롬프트 추출 예제 → 프롬프트 틀 학습 → 나만의 프롬프 트 제작

공부는 '기억'보다는 '연결'의 과정입니다. 지식을 기억하는 것은 물론 중요하지만, 개념을 배운 뒤 문제로 연결해야 제대로 남지요. 아래의 AI 도구들을 활용하면, 개념 학습에서 문제 제작까지 자동으로 연결되는 공부 루틴을 만들 수 있어요.

가. 퀴즈렛(Quizlet): 용어 정리와 카드 학습의 자동화

1) 퀴즈렛[17]은 개념 문장을 입력하면 자동으로 질문-정답 세트의 학습 카드를 만들어주는 온라인 퀴즈 플랫폼이에요. 특히 학습자가 입력한 문장에서 핵심 개념을 추출해, 이를 기반으로 빈칸 문제, 단답형 문제, 사지선다형 문제 등 다양한 형식의 복습 콘텐츠를 자동 생성할 수 있지요. 이 기능은 시험 전에 핵심 내용을 문제화해 복습하고자 할 때 특히 효과적입니다.

2) 텍스트만 넣으면 자동으로 용어 카드가 생성돼요. 예를 들어, "광합성은 식물이 빛에너지를 이용해 포도당을 생성하는 과정이다"라는 문장을 입력하면, 자동으로 질문-정답 형식의 카드가 생성된 것을 확인할 수 있어요.

3) 이 카드는 다양한 형태의 복습 모드(매칭, 쓰기, 테스트 등)로 활용 가능하고, 브리스크 확장 프로그램을 활용하면 구글 독스의 개념 정리 파일을 Quizlet으로 바로 전환할 수 있어요.

---

17. quizlet.com

나. 브리스크 티칭(Brisk Teaching): 수업 자료에서 실시간 퀴즈 추출

1) 브리스크 티칭[18]은 구글 독스(Google Docs)에 설치하는 AI 기반 확장 프로그램으로, 문서 내 텍스트를 선택한 후 버튼 클릭만으로 퀴즈 생성, 요약, 해설 생성 등 다양한 작업을 자동으로, 빠르게 처리해 줍니다. 특히 '문제 만들기' 기능은 수업 자료 파일이나 영상이 띄워져 있는 화면 위에서 바로 교사 또는 학습자가 개념 정리와 예상 문제 출제를 하나의 흐름으로 연계할 수 있어요.

2) 실제 적용 순서: 브리스크 티칭 확장 프로그램 다운로드 → 화면 우측 상단의 탭 창에서 확장 프로그램 확인 → 핀 고정하여 프로그램 활성화(화면에 아이콘 활성화 확인) → 수업 자료 업로드/관련 영상 및 참고자료 화면에 띄워 문제 출제

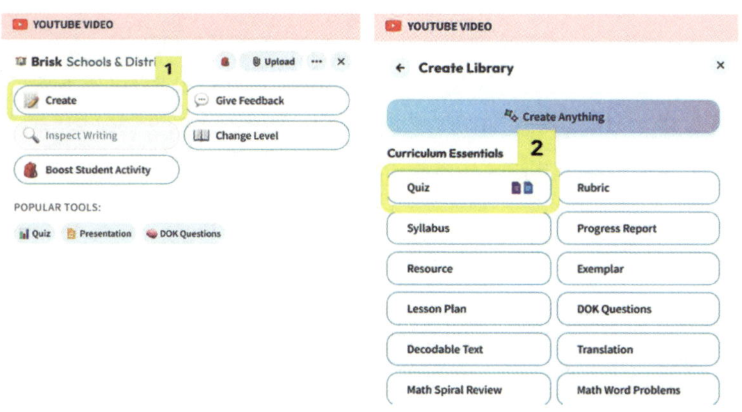

18. briskteaching.com

① 실습 자료 준비

Canva의 2025년 초 발표 키노트 영상 중, "AI 기능과 디자인 자동화"에 대한 주요 발표 내용을 요약한 자료(또는 자막 전문)를 Google Docs에 삽입해 둡니다. 그중 'Magic Design' 기능 소개 부분(약 3~4문장 분량)을 드래그하여 선택합니다.

② 브리스크 티칭 활용하기

선택한 텍스트 위에서 브리스크 티칭 확장 프로그램을 실행합니다.
'Quiz' 기능을 클릭하고,

– 언어: 한국어

– 학습자 수준: 대학생

– 문제 유형: 객관식

설정 후 문제 생성을 실행합니다. 생성된 문제 중 하나를 확인하고, 적절성 및 난이도를 검토해 봅니다.

③ 비교와 피드백

동일한 텍스트를 바탕으로 챗지피티에게도 다음과 같이 요청해 봅니다.
"다음 내용을 바탕으로 대학생 수준의 객관식 문제를 1개 만들어줘. 사지선다형으로, 오답은 혼동하기 쉬운 개념으로 만들어줘."
브리스크 티칭과 챗지피티가 만든 문제를 나란히 비교해보고, 문장 구성, 오답 설계, 난이도, 문맥 적합성 중 어느 쪽이 더 수업 맥락에 맞는지 간단하게 정리합니다.

지니 한마디:

"주인님, 브리스크 티칭은 여러 형태의 산출물 생성 시 한국어를 지원하고, 퀴즈 생성을 할 때 문제풀이에 참여할 학생들의 연령대도 설정할 수 있어요!"

다. 챗지피티+멘티미터: 예상 문제 출제부터 복습까지

1) 챗지피티[19]는 멀티모달 AI 플랫폼인 만큼 서술형 개념 설명
   문이나 강의 노트를 입력하면, 해당 내용을 기반으로 자동
   으로 문제를 생성해 주기도 해요. 특히 'OO 개념을 기반으
   로 객관식 문제 3개 만들어줘', '서술형 질문으로 전환해줘'
   와 같은 구체적인 프롬프트를 활용하면, 다양한 형식의 예
   상문제를 손쉽게 얻을 수 있고 후속 질문을 통해 변형도 쉽
   습니다. 입력 문장 내 핵심 개념을 추출하고, 이를 활용해
   문제와 보기, 정답 해설까지 자동으로 생성할 수 있다는 점
   에서, 학생 스스로 복습 문제를 만들거나 교사가 진단 평가
   용 문제를 준비할 때 유용합니다. 퍼플렉시티, 제미나이,
   클로드 등의 플랫폼도 유사한 목적으로 활용할 수 있어요.

2) 멘티미터[20]는 생성한 문제를 실시간 설문 또는 퀴즈 형태
   로 시각화하여 발표 자료나 수업 도구로 활용할 수 있는 플
   랫폼입니다. 특히 챗지피티에서 제작한 객관식 문제를 복
   사해 붙여넣기만 해도 퀴즈 슬라이드로 자동 구성되며, 학
   생들은 개별 스마트기기로 참여할 수 있어요. 정답률 분석,
   순위 집계 등 실시간 피드백 기능을 활용하면, 문제 풀이
   결과를 바탕으로 학습자 수준을 바로 확인하고 보충 설명
   으로 연결할 수 있어 '예상 문제 → 실시간 복습 → 즉각 피

---

19. chatgpt.com
20. mentimeter.com

드백'의 루프를 완성할 수 있습니다. 띵커벨과 카훗과 같은 플랫폼에서도 멘티미터와 비슷한 기능을 지원한답니다.

3) 실제 적용 순서

단계	AI 도구	활동 내용
1단계	챗지피티	자료 업로드 및 학습 내용 요약·주요 개념 정리 요청 → 예: "OOO 단원의 핵심 개념 5개를 1문장씩 정리해줘."
2단계	챗지피티	핵심 개념 기반의 문제 생성 요청 → 예: "이 개념들을 활용한 객관식 문제 3개를 만들어줘. 문항마다 오답 선지도 사지선다형으로."
3단계	사용자	챗지피티가 만든 문제를 복사하여 멘티미터에 입력 (퀴즈, 객관식, OX, Word Cloud 등 다양한 포맷 선택 가능)
4단계	멘티미터	문제 저장 아카이브, 터치로 풀고 해설까지 바로 보는, 시험 기간에 짬을 내어 쓰기 좋은 손안의 퀴즈 플랫폼으로 활용
5단계	챗지피티	학생들의 응답 경향 분석 요청 → 예: "이런 유형의 문제에서 학생들이 A를 많이 고르면 어떤 개념을 헷갈렸을 가능성이 있을까?"
6단계	사용자	보완 질문 생성 또는 정오 피드백 강의 구성에 챗지피티 활용

라. 서논술형 답변을 작성했을 경우

채점요소 입력(개념/정의 등) → 프롬프트 오개념은 없는지, 원하는 서술 방향이나 논제에서 벗어나지는 않았는지 체크하기 + 채점해보기 + 모범답안 만들어보기

2. 문제 자동화를 현명하게: 원하는 문제를 만드는 프롬프팅

자동으로 문제를 만들어주는 AI 도구가 많아졌지만, 원하는

문제를 얻지 못해 결국 손으로 다시 만드는 경우, 모두 경험해 보았을 텐데요, 문제를 만드는 도구보다 중요한 건 문제를 제작 하라고 요청하는 방식이에요.

가. 멀티모달 AI 플랫폼 – 문제 출제를 위한 현명한 프롬프팅

예상문제를 만들기 위해 많이 사용하는 멀티모달 AI 플랫폼으 로는 챗지피티, 퍼플렉시티, 클로드 등이 있습니다. 이들 도구는 모두 요청을 입력하면 답을 주는 대화형 AI이지만, 단순 질문에 답하는 도구가 아니라, 원하는 결과물을 '지시'하는 도구로 쓰여 야 진짜 힘을 발휘합니다. 예를 들어, "조선의 신분제에 대해 문 제 만들어줘."라고 막연하게 말하면 AI는 의도에 적합하지 않거 나 지나치게 쉬운 문제를 내줄 수 있어요.

나. 프롬프트 틀 제작 – 나만의 만능 프롬프트 비법

챗지피티와 같은 AI 플랫폼을 제대로 활용하려면, 질문을 던 지는 방식도 전략적으로 설계해야 해요. 막연한 요청은 막연한 결과를 불러오지만, 원하는 학습 수준, 문항 유형, 오답 포인트 까지 명확하게 입력하면 AI는 더욱 정밀한 문제를 생성해 줄 수 있지요. 이를 위해 출제 목적과 의도를 구조화해 표현할 수 있는 프롬프트 '틀'을 만들고 훈련하는 것이 효과적이에요. 특히 대학 수업처럼 과목별 특성과 교수자의 스타일이 다양한 상황에서는, 하나의 프롬프트로 모든 문제를 만들기 어렵기 때문에 나만의 프롬프트 공식을 설계하는 것이 필요하답니다.

1) 문제 출제를 위한 프롬프트 틀 예시

항목	내용
과목/주제	예: 근대 사회의 개혁 운동
문제 유형	예: 객관식/단답형/빈칸형/서·논술형/OX
난이도	예: 쉬움/중간/어려움
출제 목표	예: 개념 습득, 반복 암기, 서술형 및 확산적 사고
오답 요소	예: 틀리기 쉬운 개념 포함 여부 등
출제자 시점	예: 강의 자료 중시 교수님/참고 서적 중시 교수님/시중 문제집 스타일

2) 전공별 실전 프롬프트 예시

• **문헌정보학과**

"과목은 서지정보 조직론이며, 난이도는 중간 수준이야. MARC 포맷과 RDA의 개념을 중심으로, 실제 메타데이터 적용 사례를 구분하는 객관식 문제를 2개 만들어줘. 오답 선지에는 혼동하기 쉬운 유사 개념(메타데이터 스키마 등)을 포함하고, 문제 스타일은 참고 문헌 중심 교수님의 문제 스타일을 참고해 구성해 줘."

• **교육학과**

"주제는 교육목표 분류학, 문제 유형은 서술형, 난이도는 상이야. 블룸의 인지적 영역 분류에서 분석·종합 단계에 해당하는 학습자의 이해도를 확인할 수 있는 서술형 문제 2개를 만들어줘. 출제자는 강의 자료에 충실한 교수님이며, 단순 정의와 개념 나열형

오답을 피해야 해."

• 경영학과

"과목은 회계원리, 주제는 손익분기점 분석이고, 문제 유형은 계산형 단답형이야. 난이도는 중간이며, 출제 목표는 수익 · 비용 구조의 이해 및 BEP 계산 능력 평가야. 오답 요소로는 총고정비와 단위당 변동비를 혼동하게 만드는 수치를 삽입해줘. 문제 스타일은 실전형 모의고사 기반 교수님 스타일을 따르도록 해줘."

• 국문학과

"과목은 현대시론, 주제는 1930년대 한국 모더니즘 시, 문제 유형은 객관식, 난이도는 중간~어려움이야. 출제 목표는 문학사적 흐름 속 시적 경향의 구분 능력 평가이고, 문제는 모더니즘 특징이 드러난 시구 선택 형식으로 구성해줘. 오답 선지는 감정주의 시기 대표 시인의 시구로 구성하되, 혼동을 유도할 수 있도록 형식적 유사성은 유지해줘. 교수님은 문학사와 작품분석을 모두 강조하는 스타일을 가지고 있어."

• 의학계열

"과목은 인체해부학 실습이고 주제는 구조−기능 연결성이야. 문제 유형은 OX으로, 난이도는 중간인 문제를 3개 만들어 줘. 출제 목표는 해부학적 명칭과 기능 간의 논리적 연결성 평가이며, 해설에는 기초기능 생리 지식을 간단히 포함해줘. 오답은 위치나 기능이 비슷하지만 다른 기관을 포함해 혼동을 유도하고, 출제자는 해부학 실습 수업에서 기출문제 중심으로 내는 스타일이야."

3) 프롬프트 역량 훈련 – 미리보기 결과물에서 프롬프트 추출

AI가 잘 만들어낸 문제나 자료를 보면, 그 결과물이 만들어진 프롬프트가 궁금해지죠. 순서를 바꾸어 완성도 높은 결과물을 보고, 그 결과물을 얻기 위해 어떤 프롬프트가 필요했을지 추론하여 직접 시도해 보는 것은 나의 프롬프팅 역량 강화에 긍정적인 영향을 줄 수 있어요.

기초 예제 실습

① **멀티모달 AI가 만들어준 산출물 중 중 마음에 드는 것 1가지 선택하기**
  – 예시 산출물:
   문제: 다음 중 ESG 경영의 핵심 요소가 아닌 것은?
   A. 환경 (Environment)　　　　　　B. 사회 (Social)
   C. 정부 보조금 (Government Subsidy)　　D. 지배 구조 (Governance)
   정답: C

② **해당 산출물을 만들기 위해 입력되었을 프롬프트 추측하여 구성하기**
  – 추측 프롬프트:
   "ESG 경영의 핵심 개념을 묻는 4지선다형 객관식 문제를 하나 만들어 줘. 오답은 혼동하기 쉬운 관련 용어로 구성해줘."

③ **멀티모달 AI에 실제로 입력 후 산출물 비교 및 피드백 정리하기**
  – 예시 피드백:
   예: 오답이 너무 쉬워 난이도 조절이 잘 되지 않았다, 문제와 답 외에도 구체적인 해설의 추가 필요성이 있다, 학습하지 않은 범위의 개념이 선지로 제공되었다 등

직접 과제를 해결해볼까?

▷ **산출된 결과물을 먼저 확인한 후, 입력되었을 프롬프트를 추측해 보세요.**

"다음 글을 기반으로 어휘 빈칸 문제를 만들어줘. 각 빈칸 문제는 문맥 유추가 가능해야 하고, 선지는 정답을 포함하여 사지선다형인 문제로 구성해 줘."

예문 : "She was astonished by the news."

↓

프롬프트 :

↓

프롬프트 결과 :

> Choose the correct form of the verb "astonish" to complete the sentence.
> "She was _________ by the news."
> A. astonished   B. astonishing
> C. astonish   D. was astonish

정답: A. astonished

해설:

A. astonished (정답)

수동태 문장에서는 be + 과거분사(p.p.) 형태가 필요합니다.

'was astonished'는 '놀라움을 느꼈다'는 의미로 자연스럽고 문법적으로도 정확함.

B. astonishing (오답)

현재분사로서 능동의 의미(무언가를 놀라게 하는)를 가지므로

'She was astonishing'은 '그녀가 놀라게 했다'는 뜻이 되어, 이 문맥과 맞지 않음.

C. astonish (오답)

원형 동사로, 수동태를 구성할 수 없음.

'was' 다음에는 과거분사(p.p.)가 와야 하므로 문법적으로 부적절함.

D. was astonish (오답)

'was'는 과거시제 동사, 뒤에는 반드시 과거분사가 와야 함.

하지만 여기서는 원형 'astonish'가 와 있으므로 문법적으로 옳지 않음.

팀 프로젝트에 인공지능(AI) 조원 영입하기

조별 과제 빌런을 인공지능 팀원으로 대체할 수 있을까?
그런데… 인공지능이 도와준 과제는 내가, 혹은 우리가 한 것이
맞나?

Intro: "여러분, 다음 주까지 팀 프로젝트 과제입니다. 주제는 자유, 발표는 PPT입니다." 교수님의 이 한마디에 강의실 공기가 차갑게 식는 경험, 다들 있으시죠? '이번엔 또 어떤 빌런을 만날까?', '자료 조사는 나 혼자 다 하겠지?', '최종_진짜최종_real최종.pptx'의 늪 등 온갖 걱정이 스쳐 지나갑니다.

하지만 걱정 마세요. 여기 여러분을 팀플 지옥에서 구원해 줄 현대판 치트키가 있습니다. 바로 클라우드 협업의 정석 구글 워크스페이스(Google Workspace)와 나만의 AI 뇌섹남 '노트북엘엠(NotebookLM)'입니다. 이 두 가지 무기만 있다면 이제 더 이상 팀플은 고통이 아닌, 함께 성장하는 즐거운 경험이 될 수 있습니다.

혹시 아직도 과제를 시작할 때 바탕화면에서 [우클릭] − [새로 만들기]를 하고 계신가요? 이제 그 습관을 버릴 때가 됐습니다. 우리에겐 1초 만에 회의실을 여는 마법의 주문이 있거든요.

- 주소창에 doc.new 입력 → 즉시 새 문서(Docs)가 열립니다.
- 발표 자료는 deck.new 또는 slides.new → 슬라이드(Slides) 생성 완료
- 데이터 정리가 필요할 땐 sheet.new → 스프레드시트(Sheets) 등장
- 일정을 만들 땐 cal.new → 캘린더(Calendar) 실행

이렇게 간단한 명령어만으로 우리는 언제 어디서든, 어떤 기기에서든 팀 프로젝트를 위한 작업 공간을 1초 만에 만들 수 있습니다. 이것이 바로 구글 워크스페이스가 가진 힘의 시작입니다. 모든 파일은 클라우드에 자동으로 저장되므로 '저장' 버튼을 누르지 않았다고 발을 동동 구를 필요도, USB에 파일을 담아 다닐 필요도 없습니다.

〈그림 출처 − Gemini로 그림〉

가. '나'의 도구 vs '우리'의 도구

MS 오피스(Word, PPT, Excel)는 강력한 도구지만, 태생적으로 '개인 작업'에 최적화되어 있습니다. 반면 구글 워크스페이스는 태생부터 '팀 협업'을 위해 태어났죠. 둘의 차이는 마치 혼자 달리는 육상 선수와 함께 호흡을 맞추는 축구팀의 차이와 같습니다.

구분	MS 오피스 (전통적 방식)	구글 워크스페이스 (클라우드 방식)
작업 방식	바통 터치: 내가 다 쓰고 메일로 보내면, 다음 사람이 받아서 수정함.	동시 작업: 모두가 한 화면에 접속해 동시에 작업함.
파일 관리	버전 지옥:발표자료_수정1, _최종, _진짜최종 등 파일이 무한 증식함.	단일 파일 링크: 파일은 오직 하나. 과거 내용은 '버전 기록'에 다 있음.
피드백	파일과 수정본을 주고받으면서 이메일이나 카톡, 구두로 의견을 전달해야 함.	댓글 토론: 해당 문구에 바로 실시간 댓글을 달거나 '제안 모드'로 수정 요청 가능.
접근성	프로그램이 깔린 내 노트북이나 PC가 있어야 함.	인터넷만 되면 태블릿, PC방, 친구 노트북에서도 가능.

이처럼 구글 워크스페이스는 파일이 아닌 '작업'에 중심에 둡니다. 더 이상 누가 최신 파일을 가지고 있는지 물어볼 필요 없이, 모두가 같은 화면을 보며 함께 결과물을 만들어나갈 수 있습니다.

나. 수십 명이 동시에 만드는 PPT? 구글 슬라이드(Google Slides)

팀플의 꽃이자 가장 큰 갈등의 원인이 되는 발표 자료 만들기. 보통 발표 전날 밤, 보통 한 명의 'PPT 노예'가 독박을 쓰곤 했죠? 구글 슬라이드를 쓰면 풍경이 바뀝니다.

- A는 1~3번 슬라이드의 서론 파트를 작성하고,

- B는 4~6번 슬라이드의 핵심 이론을 정리하며,

- C는 7~9번 슬라이드에 들어갈 그래프를 만들고,

- D는 전체 디자인과 통일성을 다듬습니다.

이 모든 게 동시에 일어납니다. 누가 어디를 고치는지 실시간으로 커서가 움직이는 게 보이죠. "어? 거긴 내가 할게!"라며 채팅할 필요 없이 눈빛만 교환해도 작업이 됩니다.

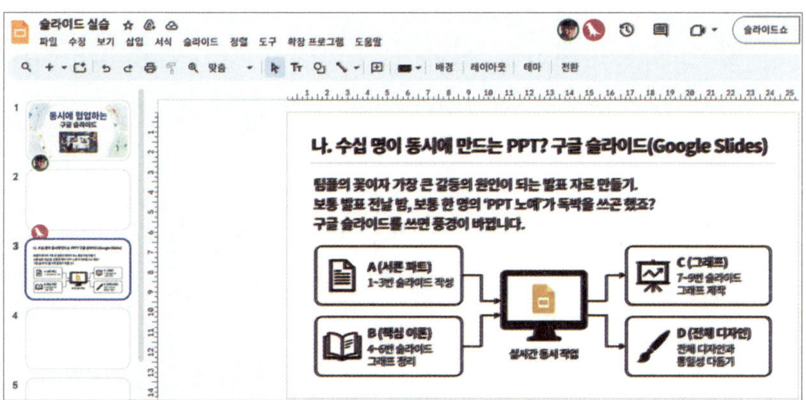

동그란 아이콘으로 동시에 누가 어디서 작업하고 있는지를 체크할 수 있습니다.

Pro-Tip:

발표 연습할 때 '발표자 노트'에 대본을 적어두세요. 실제 발표 때 '발표자 보기'를 켜면, 청중 화면에는 슬라이드만, 내 화면에는 대본과 타이머가 보여 프로처럼 발표할 수 있습니다.

다. 흩어진 팀의 시간을 하나로, 캘린더와 시트

- **구글 캘린더**(Google Calendar): "너 언제 돼?" 무한 반복은 이제 그만. 팀원들의 캘린더를 공유하고 '시간 찾기' 기능으로 모두가 만날 수 있는 시간을 쉽게 찾을 수 있습니다. 혹은 팀원들과 공유캘린더를 만들어도 됩니다. 또 회의나 과제 마감일을 이벤트로 등록하고 알림을 설정해두면 누구도 중요한 일정을 놓치지 않습니다.

- **구글 시트**(Google Sheets): 거창한 프로젝트 툴 필요 없습니다. 시트는 단순한 표 계산 프로그램을 넘어 강력한 프로젝트 관리 도구가 될 수 있습니다. 아래와 같이 간단한 '업무 분담 및 진행 상황표'를 만들어 보세요. 각자 맡은 업무의 진행 상황을 아래처럼 '시작 전', '진행중', '완료' 등으로 업데이트하면, 팀 전체의 현황을 한눈에 파악할 수 있습니다.

업무 내용	담당자	시작일	마감일	진행 상황	비고
주제 관련 논문 3편 서치	김정준	10/23	10/25	■ 완료	주요 내용 요약 완료
설문조사 문항 작성	이세영	10/24	10/26	● 진행중	초안 작성 후 공유 예정
발표 자료 서론 제작	박서아	10/27	10/29	● 시작 전	

2. 노트북엘엠, 우리 팀에 슈퍼 브레인을 영입하다

자료 조사는 팀플의 8할입니다. 수십 편의 논문, 기사, 유튜브 영상을 언제 다 보고 정리할까요? 이때, 모든 자료를 이미 다 읽고 외운 천재 조원이 있다면 어떨까요? 그게 바로 구글의 노트북엘엠입니다.

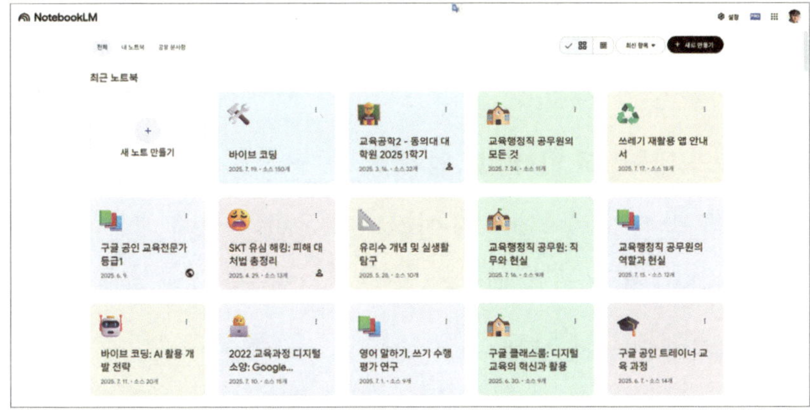

이미지: 노트북엘엠의 노트북 목록 화면

노트북엘엠은 인터넷의 방대한(하지만 가끔 틀리는) 지식이 아니라, 업로드한 자료에 기반해서만 생각하고 답변하는 '맞춤형 AI'입니다. 자료에 없는 이야기는 하지 않으므로, 환각(hallucination) 현상의 발생빈도가 다른 언어 기반 AI에 비해 현저히 줄어들어서 보다 신뢰할 수 있는 AI죠. 팀원 모두가 각자 자료를 나눠 읽고 취합할 필요 없이, 노트북엘엠이라는 '중앙 브레인'을 통해 모든 정보를 공유하고 깊이 있는 통찰을 얻을 수 있습니다.

가. 자료 업로드: 우리만의 도서관 만들기

팀 프로젝트와 관련된 모든 자료 – PDF 논문, 웹사이트 링크, 구글 문서, 유튜브 링크, 심지어 회의한 내용을 녹음한 음성 파일까지 – 노트북엘엠에 업로드하세요. 이것이 우리 팀만의 '지식 베이스'가 됩니다. 소스당 50만 단어, 최대 50개까지 가능합니다. 전공 서적 한 권도 거뜬하죠. 노트북은 무료 버전에서도 100개까지 만들 수 있습니다.

나. AI와 대화하며 인사이트 얻기

자료를 받은 노트북엘엠은 여러분이 올린 자료에 대한 전문가로서 대답을 할 준비가 되었습니다. 자료를 다 읽은 노트북엘엠에게 편하게 질문해 보세요.

- "업로드한 논문 3개에서 공통적으로 지적하는 문제점이 뭐야?"
- "A 논문의 연구 방식을 비판적인 관점에서 요약해 줘."
- "이 자료들을 바탕으로 발표 개요를 짜 줘."
- "예상되는 교수님의 날카로운 질문 5가지만 뽑아줘."
- "○○○ 유튜브 영상의 15분 30초쯤 나오는 주장이 뭐야?"

단 무료 버전은 하루에 질문할 수 있는 횟수가 엄청 많진 않습니다. (2025.12 기준 하루 50회)

가. 마인드맵

빠르게 전체 내용의 구조를 파악하는 데에는 마인드맵이 최고죠. 생성도 빠릅니다. 마인드맵에서 전체의 내용을 구조화해서 볼 수 있습니다. 각 주제어를 클릭하면 해당 내용에 대해 더 많은 내용을 알 수 있습니다.

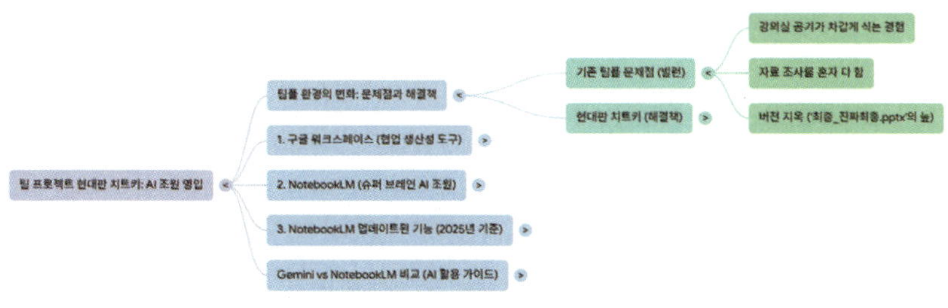

〈노트북엘엠이 그려준 이 챕터의 마인드맵〉

나. 보고서 – 브리핑 문서, 학습 가이드, 블로그 게시물 등

자료를 일일이 요약할 시간도 없다면? 클릭 한 번으로 보고서를 만드세요. AI가 알아서 핵심 요약, 주요 타임라인, 예상 퀴즈(Q&A)까지 만들어줍니다. 시험 공부할 때나 발표 대본 짤 때 이보다 완벽한 요약본은 없습니다.

다. 인포그래픽

여러 지식을 하나로 모아 그림으로 정리해줍니다. 'AI가 이렇게까지 해준다고?'라고 생각할 수밖에 없는 놀라운 퀄리티의 출력을 얻을 수 있습니다.

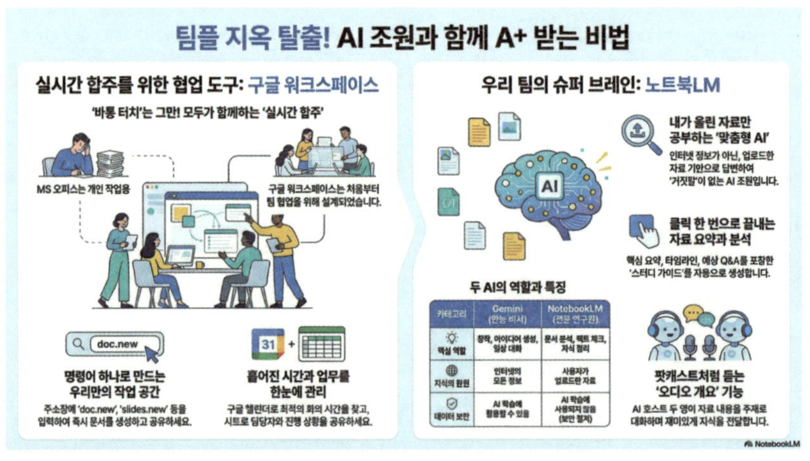

두 AI의 역할과 특징:

카테고리	Gemini (만능 비서)	NotebookLM (전문 연구원)
핵심 역할	창작, 아이디어 생성, 일상 대화	문서 분석, 팩트 체크, 지식 정리
지식의 원천	인터넷의 모든 정보	사용자가 업로드한 자료
데이터 보안	AI 학습에 활용될 수 있음	AI 학습에 사용되지 않음 (보안 철저)

〈 노트북엘엠이 그려준 이 챕터의 인포그래픽 〉

라. 듣는 지식, 오디오 개요(Audio Overview)

데이터를 바탕으로 진행자와 패널이 대화하는 형식으로 오디오 오버뷰를 만들 수 있습니다. 많은 자료를 읽어야 하고, 핵심을 파악해야 할 때 이 기능을 사용하면 대화 형식으로 정리되어 말 그대로 '지식을 머리 속에 때려 박아주는' 느낌을 받을 수 있습니다. 심지어 감정까지 느껴질 정도로 자연스러운 대화에 깜짝 놀라실거에요. 단순 낭독(TTS)이 아닙니다. "와, 이 부분 진짜 흥미롭지 않아?", "근데 이 데이터는 좀 의외인데?" 하며 서로 맞장구를 치고 농담도 합니다. 등하굣길에 이어폰 꽂고 듣고 있으면, 어느새 팀플 자료 내용이 머릿속에 쏙쏙 박힙니다. 심지어 다운로드해서 팀원들에게 공유할 수도 있죠! 게다가 2025년 12월 현재 영어만 제공되고 있지만, 대화형 모드가 전 세계 언어로 개발 중입니다. 이미 녹음된 대화를 듣다가 궁금한 점이 있다면 대화에 참여해서 질문까지 가능해요. '그래, 이게 21세기지'하는 감탄사가 절로 나오실겁니다.

마. 보고 듣는 지식, 비디오 개요(Video Overview)

좋은 질문과 이를 풀어내는 방식으로 발표 자료처럼 영상을 만들어 줍니다. 팀플 발표가 있다면 비디오 개요를 통해서 힌트를 얻는 것도 좋을 것 같네요. 하지만 인공지능이 만들어준 그대로 발표한다면, 과연 좋은 점수를 얻을 수 있을까요?

혹시 구글의 AI인 제미나이(Gemini)와 노트북엘엠은 어떻게 다르지? 하는 질문이 드신다면, 다음 표를 참조해 주세요. 두 AI 모두 구글의 천재들이지만, 쓰임새가 다릅니다. 상황에 맞게 골라 쓰세요.

구분	제미나이 (만능 비서)	노트북엘엠 (학습 전용 비서)
핵심 역할	빠른 검색, 창작, 코딩, 일상 대화	문서 분석, 팩트 체크, 지식 정리
정보 출처	인터넷의 모든 정보 + 학습 데이터	사용자가 업로드한 자료 (내 자료)
추천 상황	"아이디어 좀 줘", "이메일 써줘", "여행 일정 짜줘"	"이 논문 요약해 줘", "회의록 분석해 줘", "시험 공부 도와줘"
데이터 보안	학습에 활용될 수도 있음 (설정에 따라)	업로드한 자료는 AI 학습에 쓰이지 않음 (보안 철저)
환각	가끔 모르는 것도 아는 척할 수 있음	자료에 없으면 모른다고 함 (정직함)

한눈에 보는 비교: 제미나이 vs 노트북엘엠

3

발표,
콘텐츠 전문가
도전!

01

발표 고민 끝!
PPT 기획부터 디자인까지

디자인은 자신 없다고요? 그렇다면 우리 같이 준비해요!

Intro: 발표 자료 고치다가 밤샘 각?

다음 주 발표, 슬라이드는 만들었는데 뭔가 밋밋하고 글자만 가득한가요? 발표 자료 고치다가 밤샐 것 같아 막막하진 않나요? 디자인도 부담스럽다고요? 괜찮아요!

AI와 함께 슬라이드 구성, 핵심 정리, 시각화까지 쉽고 빠르게 해결할 수 있어요. 메시지가 살아있는 프레젠테이션, 지금 바로 만들어 봐요!

1. 10분 만에 끝내는 프레젠테이션 기획

발표 준비가 막막할 때, AI는 훌륭한 기획 파트너가 될 수 있어요. 주제만 던져주면 발표의 전체 흐름, 예상 질문, 시각화 포인트까지 제안해 주거든요. 혼자 끙끙 앓는 것보다 훨씬 빠르게 탄탄한 발표 초안을 만들 수 있습니다.

예를 들어, '2030 세대의 수면 부족 문제'라는 주제로 발표를 준비한다고 상상해 보세요. AI에 발표 대상, 시간, 원하는 구성을 알려주면 '공감 사례 → 원인 분석 → 해결책' 같은 논리적인 구조를 금세 짜줍니다.

가. 클로드(Claude)[21]로 발표 흐름 기획하기

1) 발표 정보 입력하기

클로드에 접속해서 발표 목적, 대상, 시간, 톤을 정리해서 입력해 보세요. 클로드가 내 발표만을 위한 기획 어시스턴트가 되어줄 거예요.

2) 프롬프트(명령어) 입력하기

 **예시 프롬프트**

{수면 부족을 겪는 2030 사람들}을 대상으로 한 {7분} 발표를 기획해줘. {공감되는 사례, 원인과 영향, 구체적인 해결책 및 실천 방안}을 포함해줘.

3) 결과 확인하고 대화 이어가기

클로드가 제안한 발표 개요입니다. 여기서 끝내지 말고, "도입부를 더 흥미롭게 바꿔줘" 또는 "해결책을 3가지로 요약해줘" 등과 같이 대화하며 내용을 발전시켜 보세요.

---

21. claude.ai

2030 세대를 위한 7분 수면 부족 해결 발표 기획안

발표구조 (총 7분)

1. 오프닝: 공감되는 사례 (1분)

"어제도 새벽 2시에 잤는데, 오늘 아침 7시 알람에 일어났습니다.
출근길 지하철에서 조는 자신을 발견하고, 점심 먹고 나면 정신이 몽롱해집니다.
저녁에는 '오늘은 일찍 자야지' 다짐하지만, 어느새 침대에 누워 유튜브 쇼츠를 보고 있습니다.
여러분 중 몇 분이나 이런 경험 있으신가요?"

현실적 사례 3가지
- 직장인 A씨: 야근 후 퇴근해서 '나만의 시간'이라며 새벽까지 넷플릭스 시청
- 취준생 B씨: 불안한 마음에 밤새 핸드폰으로 채용공고와 커뮤니티 확인
- 프리랜서 C씨: 낮에 미팅, 밤에 작업하다 보니 수면 시간이 점점 줄어듦

2. 원인 분석 (1분 30초)

왜 우리는 잠을 못 잘까?

심리적 원인
- 리벤지 베드타임 프로크래스티네이션 → 하루 종일 남에게 시간을 빼앗긴 것 같아 밤만이 '내 시간'이라는 심리
- 불안과 스트레스 → 미래에 대한 걱정, 일에 대한 부담감

환경적 원인
- 스마트폰과 블루라이트 → 멜라토닌 분비 억제
- 불규칙한 생활 패턴 → 주중 수면 부족 → 주말 보상 수면 → 일요일 밤 불면증
- 카페인 과다 섭취 → 오후 커피가 밤 수면을 방해

3. 수면 부족의 영향 (1분 30초)

단기적 영향
- 집중력 저하, 업무 효율 30% 감소
- 감정 조절 어려움, 예민해짐

4. 구체적인 해결책 (2분)

즉시 실천 가능한 5가지 방법:

① 90분 수면 사이클 활용
- 수면은 90분 주기로 반복됩니다.
- 7시 기상 → 11:30pm 또는 1am 취침 목표
- 중간에 깨는 것보다 사이클에 맞춰 일어나는 것이 중요

② 디지털 커퓨 설정
- 잠들기 1시간 전 스마트폰을 거실에 두기
- 알람시계 별도 구매 (5천 원대)
- 야간 모드 자동 설정

③ 카페인 타이밍 조절
- 오후 2시 이후 커피 금지
- 카페인 반감기는 5~6시간

④ 루틴 만들기
- 매일 같은 시간에 잠자리에 들기

5. 실천 방안: 2주 챌린지 (30초)

1주차: 준비 단계
- 월~수: 현재 수면 패턴 기록
- 목~일: 취침 시간 30분씩 앞당기기

2주차: 습관화 단계
- 매일 같은 시간 취침 / 기상
- 수면 일기 작성 (5분)
- 낮 졸림 정도 체크 (1~10점)

6. 클로징: 동기부여 (30초)

"좋은 수면은 사치가 아니라 필수입니다."

하루 7시간 수면을 확보하면:
- 업무 생산성 20% 향상
- 의사결정 능력 개선
- 삶의 만족도 상승

오늘 밤부터 시작해보세요.

---

2. 디자인 똥손 탈출, 시선 끄는 슬라이드 제작

슬라이드 디자인이 어렵게 느껴지는 게 당연해요. 우리 중 대다수는 '정보를 효과적으로 보여주는 법'을 제대로 배운 적이 없으니까요.

그래서 우리는 AI를 활용해 멋진 디자인 초안을 빠르게 만들고, 만들어진 초안에 편집을 더해 완성도를 높이는 전략을 사용할 거예요.

〈성공적인 슬라이드의 3가지 조건〉

슬라이드를 편집할 때, 이 세 가지만 기억하세요. 발표의 퀄리티가 확 달라집니다.

1. 하나의 슬라이드, 하나의 메시지

> - 욕심내지 마세요. 한 장에 한 가지 이야기만 명확하게 전달해요.
> 2. **텍스트는 줄이고, 시선은 흐르게**
> - 긴 문장 대신 핵심 키워드와 이미지로 시선을 자연스럽게 유도해요.
> 3. **말과 화면은 보완 관계로**
> - 말로 설명할 내용을 슬라이드에 다 적지 마세요. 화면은 보충하는 역할을 해야 해요.

가. 감마(Gamma)[22]를 활용한 슬라이드 자동 생성

앞서 클로드가 만들어준 발표 개요 텍스트를 활용해 볼게요. 감마는 텍스트만 붙여 넣으면 마법처럼 디자인된 슬라이드 초안을 만들어줍니다.

1) 슬라이드 생성 준비

감마에 접속한 뒤 '새로 만들기' 그리고 '텍스트로 붙여넣기'를 순서대로 클릭하세요.

2) 내용 붙여넣기

앞서 클로드를 통해 얻은 프레젠테이션 초안을 입력창에 붙여 넣고 '프롬프트 에디터로 계속하기'를 클릭하세요. 콘텐츠 및 작업 스타일은 원하는 방식으로 선택하면 됩니다.

---

22. gamma.app

3) 슬라이드 구성요소 선택하기

슬라이드 테마, 이미지 삽입 방식 등 슬라이드 구성에 필요한 요소들을 선택한 후 '생성'을 클릭합니다.

4) 슬라이드 결과물 확인 및 편집

자동으로 만들어진 슬라이드를 확인한 뒤, 필요에 따라 구성, 이미지, 문장을 조정하며 완성도를 높여 봅시다.

gamma.app 접속 〉 새로 만들기 〉 텍스트로 붙여넣기

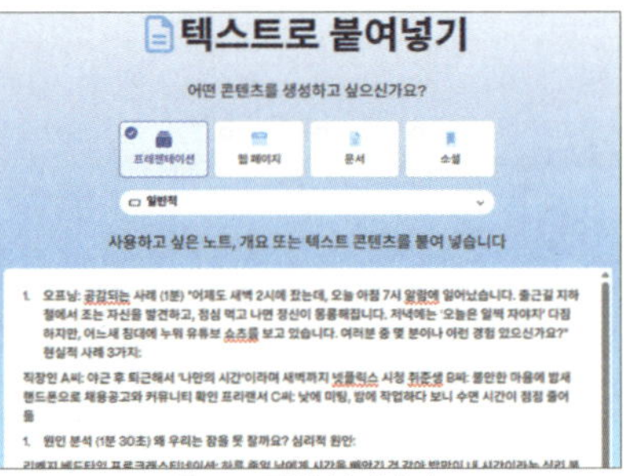

클로드 답변 붙여넣기

테마, 이미지 선택 후 생성 클릭

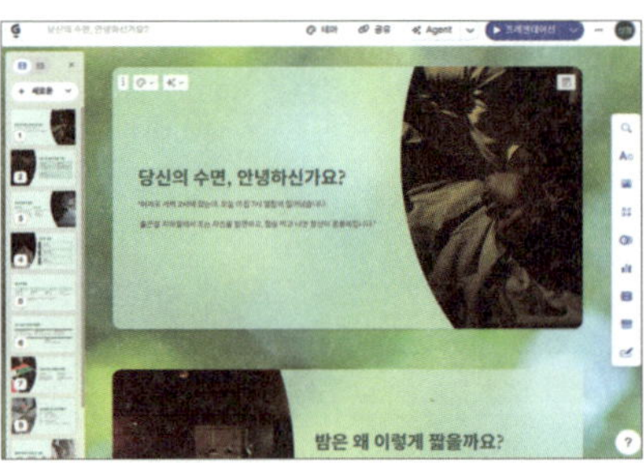

슬라이드 편집 및 완성

나. 젠스파크(Genspark)[23]로 완성형 슬라이드 제작

감마가 빠른 초안 만들기에 유용하다면, 젠스파크는 자료 조사부터 논리 구성, 디자인까지 한 번에 해결해주는 강력한 도구입니다. 특히 내용이 많고 전문적인 발표 자료를 만들어야 할 때 빛을 발하죠.

1) AI 슈퍼 에이전트로 발표의 방향 잡기

젠스파크의 'AI 수퍼 에이전트' 기능은 단순 개요를 넘어, 관련 자료를 직접 검색하고 분석해 깊이 있는 기획안을 만들어줘요. 먼저 젠스파크에 접속해 발표 주제와 요구사항을 입력해 보세요.

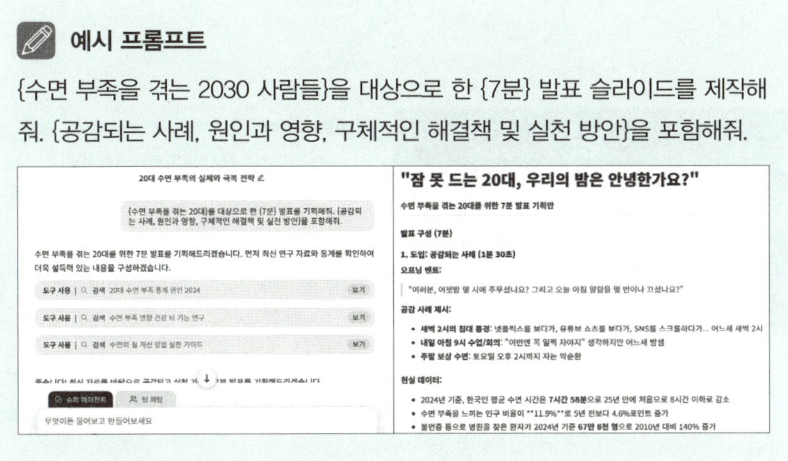

---

2) 단 한 마디 명령으로 슬라이드 완성

기획안이 마음에 들게 나왔다면, 이제 이 내용을 바탕으로 슬라이드를 만들 차례예요. 젠스파크의 가장 큰 장점은 이 모든 과정을 하나의 대화창에서 해결할 수 있다는 점입니다. 아래처럼 간단하게 요청해 보세요.

답변 내용을 바탕으로 발표용 슬라이드 생성해줘.

이렇게만 요청해도 자료 조사, 내용 정리, 디자인까지 적용된 완성도 높은 슬라이드를 만들어줍니다. 결과물과 함께 제공되는 링크에 접속한 후 '고급 편집'을 눌러 완벽한 슬라이드를 완성해 보세요.

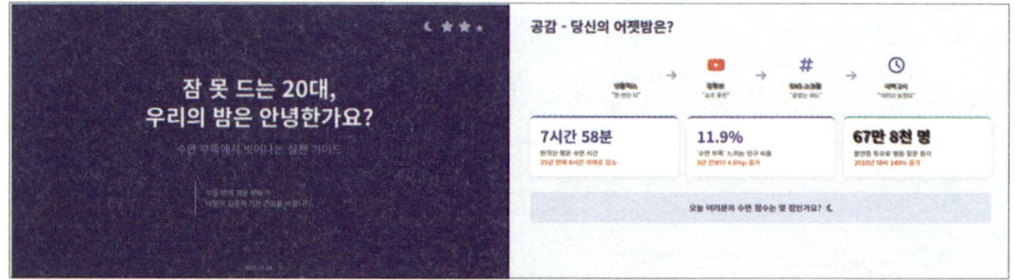

창업 발표나 포트폴리오처럼 내용이 풍부하고 전문적인 슬라이드가 필요하다면 젠스파크는 훌륭한 선택이 될 거예요. 참고로, 슈퍼에이전트 기능은 일반적인 대화형 AI처럼 사용자의 입력을 한 번씩 받아 답변하는 방식이 아니라, 검색·분석·추론·

슬라이드 생성 같은 복수의 작업을 한 번에 실행하는 자동화 워크플로우 기반으로 동작해요. 그래서 우리가 세밀한 프롬프트 없이 간단히 상황과 목표를 입력하면, 한 번에 작업을 수행할 수 있습니다.

이제 발표 자료 제작을 혼자 끌어안고 고민할 필요 없습니다. AI를 적절히 활용하여 구조, 메시지, 디자인까지 빠르게 방향을 잡아 보세요. 단, 결과를 그대로 쓰면 표절과 오류의 위험이 있으니 사실 검토와 마무리 편집은 필수라는 점을 꼭 기억하세요.

 **핵심 체크리스트**
- AI를 활용해 발표의 전체 흐름과 개요를 짤 수 있다.
- Gamma에 텍스트를 입력해 슬라이드 초안을 만들 수 있다.
- 성공적인 슬라이드의 3가지 조건을 적용할 수 있다.
- AI가 만든 초안을 비판적으로 검토하고 수정할 수 있다.

 **직접 과제를 해결해볼까?**

아래 주제 중 하나를 골라, 오늘 배운 방법으로 5장 분량의 발표 슬라이드 기획안과 디자인 초안을 만들어 보세요.

1. 인스타 필터, 개인의 표현일까? 사회적 압력일까?
2. 플라스틱 빨대, 없애는 게 진짜 환경에 좋을까?
3. 공부할 때 음악을 들어도 집중이 유지될까?

02

대학생을 위한 AI 영상 가이드

유튜버 데뷔? 자기소개 영상 제작? 걱정말아요. AI 영상팀이 영상 제작을 도와 줄거예요

Intro: 구독자 10명, 가족 포함…

"이번엔 진짜 유튜버로 대박 나보자!"

말문이 막힌 그때, AI 요정 '지니' 등장! "챗지피티(Chat GPT)는 기획, 비오3(Veo3), 플로우(FLOW)는 연출을 맡겨요!"

- 챗지피티로 대본을 생성하여 브루로 자기소개 영상 및 숏폼 제작하기
- 제미나이 프로에서 비오3로 8초 영상 3개 제작하기
- 제미나이에서 대본 생성하여 플로우에서 8초 영상 제작하여 캡컷에서 이어 붙이기

1. 브루(VREW)를 이용하여 자기소개 영상 제작하기

브루를 활용하면 영상 제작 경험이 없어도 쉽고 빠르게 자기소개 영상을 만들 수 있습니다. AI의 다양한 기능을 적극 활용하

여 나만의 개성이 담긴 영상을 완성해보세요. 단, 브루는 컴퓨터에 프로그램을 설치해야 사용할 수 있으므로 사전에 준비가 필요합니다.

〈브루를 이용하여 자기소개 영상 제작하기 워크플로우〉

1. 챗지피티로 자기소개 대본 작성

2. 브루에서 [텍스트로 비디오 만들기] 선택

3. 주제·대본 입력, 스타일 선택

4. AI가 자동으로 영상 생성

5. 세부 편집(자막, 목소리, 이미지 등)

6. 미리보기 후 영상 내보내기

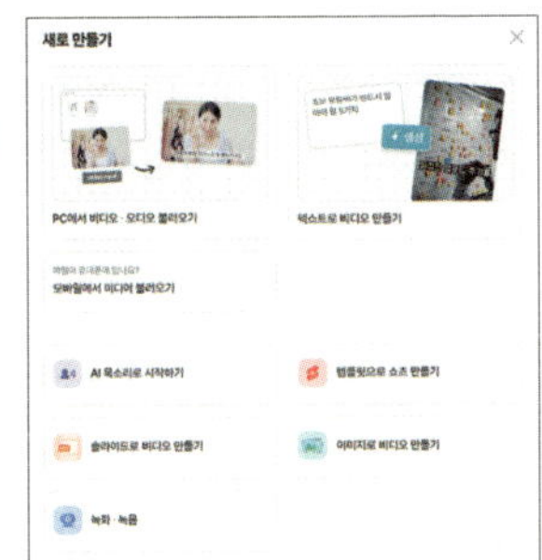

- **활용 예시**

  텍스트를 비디오로 생성 가능

  AI 음성 기능을 활용해 직접 녹음 없이도 대사 삽입 가능

  탬플릿으로 쇼츠 제작 가능

  슬라이드로 비디오 만들기 가능

  이미지로 비디오 만들기 가능

- **장점**

  빠르고 정확한 자막 자동 인식

  영상과 자막이 완벽히 동기화되어 컷 편집이 수월함

직관적인 인터페이스로 초보자도 쉽게 사용 가능

AI 기능 탑재로 음성 생성, 자막 편집, 영상 완성까지 한 번에 가능

가. 챗지피티를 이용하여 자기소개 대본 만들기

챗지피티에 다음과 같이 프롬프트를 입력하여 자기소개 대본을 제작합니다.

1) 실습 질문:

"자기소개 영상 제작 대본을 제작해줘.

입사하고 싶은 회사 : 구글

인트로 : 자기소개, 지원한 계기

내용 : 프로그래밍에 관한 경험, 어려움 극복 과정

영상 제작 길이 : 2분

대본 형태 : 연결형 대본

스타일 : 시네마틱 스타일"

2) 출력 결과(일부):

출력한 결과를 바탕으로 자기소개 영상의 대본을 정교화합니다.

> 🎬 **자기소개 영상 대본 (지원 회사 : Google / 시네마틱)**
>
> 어릴 때부터 저는
> "왜 이건 이렇게 작동할까?"라는 질문을 자주 던지는 사람이었습니다.
> 안녕하세요.
> 기술로 세상을 더 나은 방향으로 연결하고 싶어
> **구글에 지원한 지원자 ○ ○ ○ 입니다.**

나. 브루에서 텍스트를 입력하여 비디오 만들기

챗지피티에서 생성한 자기소개 대본을 브루에 입력하면, 영상 제작 경험이 없는 사람도 쉽고 빠르게 자기소개 영상을 만들 수 있습니다. 챗지피티를 활용해 자신을 효과적으로 소개할 수 있는 대본을 준비합니다. 이때 자신의 장점, 관심사, 지원 동기 등을 간결하고 진정성 있게 담아내는 것이 중요합니다. 준비된 대본을 브루에 입력하여 영상을 생성합니다.

브루[24] 사이트에서 프로그램을 다운받고 회원가입 후 로그인합니다. 새로 만들기에서 텍스트로 비디오 만들기를 클릭합니다.

---

24. https://vrew.ai/ko/

챗지피티에서 생성하고 수정한 대본을 붙여 넣고 스타일을 선택한 후 영상을 생성합니다.

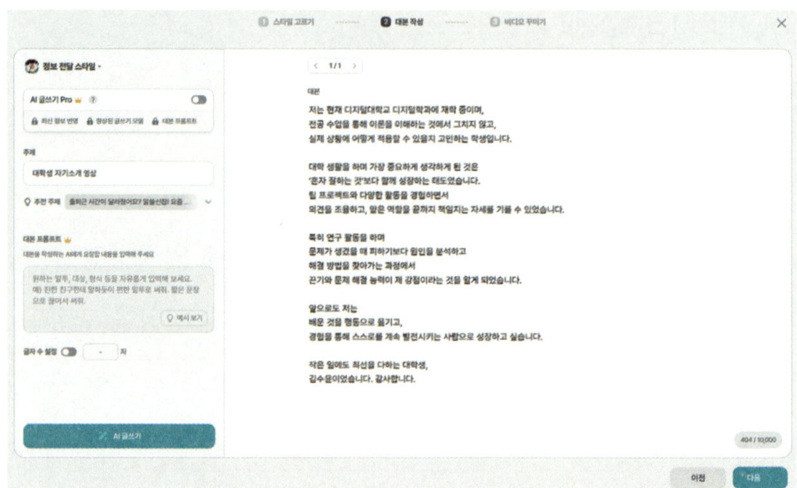

직접 과제를 해결해볼까?

나를 설명하는 60초 영상 제작하기

☑ **과제 설명**

브루의 텍스트를 비디오로 만들기 기능을 이용하여 '나라는 사람을 가장 잘 설명하는 60초 영상'을 제작하시오.

☑ **조건**

영상 길이: 40~60초

스타일: 감성 스토리텔링형, 문제 해결 중심 테크 내러티브형, 다큐멘터리형 중 선택

챗지피티 활용 대본 구성 가능

나는 어떤 사람인가? (1문장)

나의 전공 또는 관심 분야

내가 중요하게 생각하는 가치

앞으로 하고 싶은 것

2. 구글에서 제미나이, 플로우, 비오3를 이용하여 AI 영상 제작하기

AI가 프롬프트 한 줄만으로도 영상을 쉽게 만들어준다는데…
막상 해보면 원하는 대로 제작이 되지 않는 경우가 더 많습니다.
이 장에서는 제미나이, 플로우, 비오3를 이용하여 영상을 제작
하는 과정을 다음과 같이 소개합니다.

〈제미나이, 플로우, 비오3로 영상 제작하기 워크플로우〉

1. 제미나이에서 영상 프롬프트 생성하기

2. 플로우에서 비오3를 선택한 후 프롬프트 입력하기

3. 영상 확인 후 다운로드하기

4. 캡컷에서 다운받은 영상 연결하기

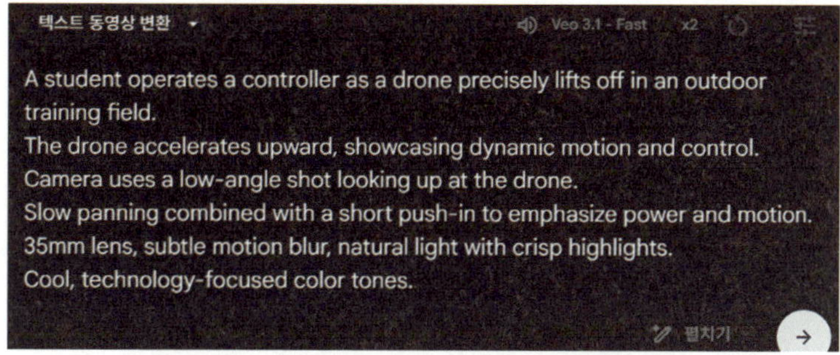

〈 플로우에서 비오3를 선택하고 프롬프트를 입력한 모습 〉

구글 Vertex AI의 Veo 동영상 생성 프롬프트 가이드 확인하기에서는 구글의 비오에서 영상을 생성할 때 프롬프트에 포함되어야 하는 내용을 설명해줍니다.

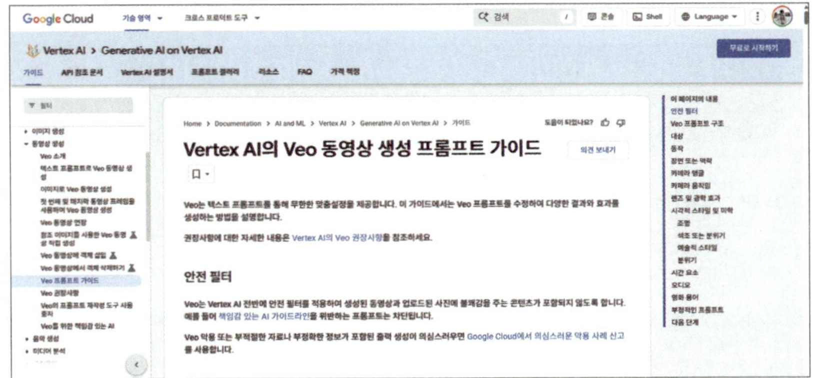

1) 대상: 대상은 생성된 동영상 동작의 중심이 되는 '누구' 또는 '무엇'입니다. 특정 사람(남성, 여성, 노인, 아이 등), 직업(숙련된 형사, 즐거운 제빵사 등), 특정 생물(장난기 많은 골든 리트리버 강아지, 매끄러운 검은 표범 등), 일반적인 물건(빈티지 타자기, 김이 나는 커피 한 잔) 등의 내용이 대상에 해당합니다.

2) 동작: 동작은 동영상의 '동사'나 발생하는 일을 설명합니다. 동작은 대상에 생기를 불어넣고 움직임, 상호작용, 미묘한 표정을 설명합니다. 기본 움직임(걷기, 달리기, 점프, 앉기 등), 상호작용(말하기, 웃기, 포용하기, 게임하기, 요리하기, 등), 감정 표현(미소, 찡그림, 놀람, 깊은 집중, 생각에 잠긴 듯한 모습, 울음 등) 등이 동작에 해당합니다.

3) 장면 또는 맥락: 장면 또는 맥락은 동영상의 '위치'와 '시간'을 설명합니다. 즉, 피사체를 배경으로 삼고 동영상의 분위기와 분위기를 설정하는 환경입니다. 벽난로가 타고 있는 아늑한 거실, 멸균된 미래형 실험실과 같은 실내, 햇빛이 내리쬐는 열대 해변, 안개가 자욱한 고대 숲와 같은 실외, 골든아워, 황혼, 심야 등의 시간대, 맑고 푸른 하늘, 흐리고 어두움, 가벼운 이슬비와 같은 날씨 등과 같은 분위기 정도 등이 장면 또는 맥락에 해당합니다.

4) 카메라 앵글: 카메라 앵글은 촬영 관점을 정의하며 영상을 보는 사람이 대상을 인식하는 방식에 직접적인 영향을 미칩니다. 눈높이 샷, 로우 앵글 샷, 하이 앵글 샷, 조감도 또는 탑다운 샷, 조감도, 더치 앵글 또는 기울어진 앵글, 클로즈업, 극단적인 클로즈업, 미디엄 샷, 풀 샷 또는 롱 샷, 광각 샷 또는 설정 샷, 오버 더 숄더 샷 등의 카메라 앵글 예가 있습니다.

5) 기타: 카메라 움직임, 렌즈 및 광학 효과, 조명, 색조 또는 분위기, 예술적 스타일, 분위기 등이 포함되면 좋습니다.

나. 제미나이에서 장면별 영상 제작 프롬프트 생성하기

1) 실습 질문

"드론학과를 설명하는 영상의 프롬프트를 30초 분량으로 다음의 항목을 포함하여 제작해줘. 동작, 장면, 카메라앵글, 카메라 움직임, 렌즈 및 광학 효과, 조명, 색조, 핵심 내용을 한국어로 말해주는 부분을 포함해줘. 이 내용을 8초씩 4개의 장면으로 나누어서 장면별 프롬프트를 한글과 영어로 출력해줘."

2) 출력 결과(일부)

드론학과의 혁신적이고 역동적인 이미지를 전달할 수 있도록 **총 32초(8초씩 4장면)** 분량의 영상 프롬프트를 구성했습니다. 각 장면은 시각적으로 강렬한 인상을 주도록 설계되었습니다.

장면 1: 드론 설계와 정밀 공학 (0-8초)

- **주제:** 드론의 구조적 이해와 정밀한 조립 과정
- **프롬프트 (한글):**
    - **동작:** 학생이 연구실 책상 위에서 핀셋으로 드론의 메인보드에 정밀 부품을 조립하고 있다.
    - **장면:** 첨단 기술 장비와 드론 프레임이 가득한 공학 실습실.
    - **카메라 앵글:** 익스트림 클로즈업 (Extreme Close-up).
    - **카메라 움직임:** 부품을 따라 아주 천천히 전진하는 달리 인 (Dolly-in).
    - **렌즈 및 광학 효과:** 매크로 렌즈 (Macro Lens), 얕은 피사체 심도 (Shallow Depth of Field)로 배경 흐림 극대화.
    - **조명:** 차가운 화이트 LED 링 조명으로 금속 질감 강조.
    - **색조:** 블루와 실버 톤의 미래 지향적 색감.
- **Prompt (English):**
    - **Action:** A student assembling precise components onto a drone motherboard with tweezers on a lab desk.

제미나이 프로를 이용하면 제미나이에서 비오3 동영상 만들기가 3개까지 가능합니다.

3) 실습질문

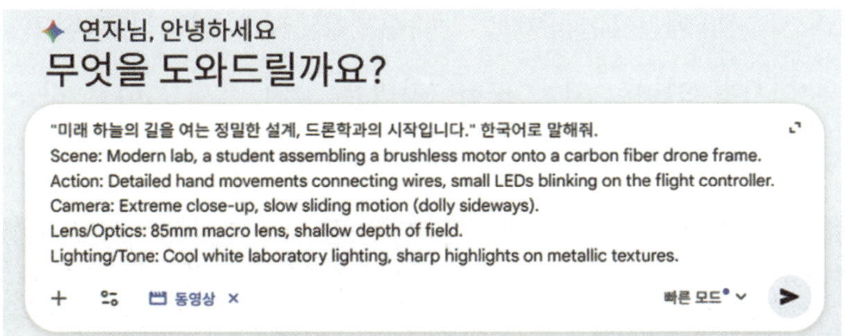

4) 출력 결과(일부)

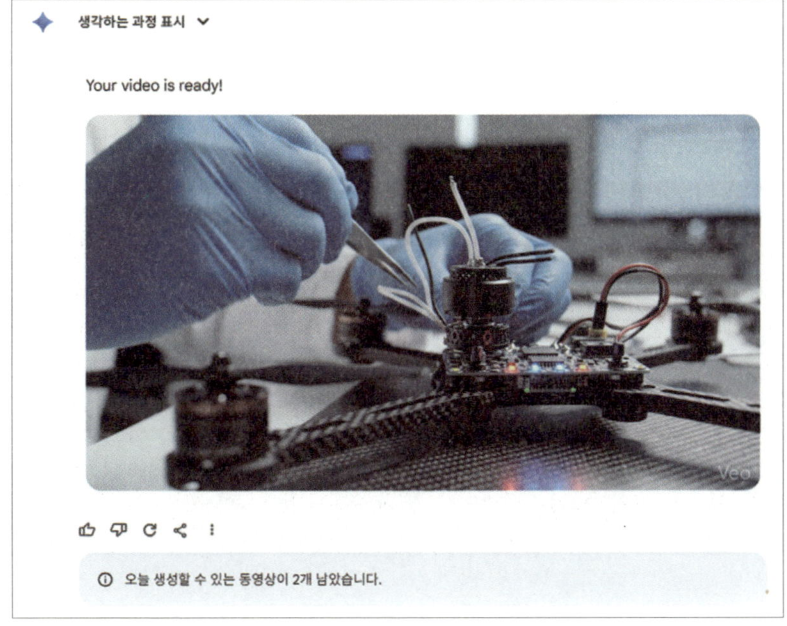

다. 플로우에 접속하여 AI 영상 제작하기

플로우에 접속하여 새 프로젝트를 클릭하여 텍스트를 입력하여 영상을 제작합니다. 비오3로 해야 음성 지원이 됩니다. 제미나이에서 생성한 대본을 붙여 넣습니다. 대사를 한국어로 말하고 싶을 때에는 "한국어로 말해주세요."라고 입력하고 하고 싶은 대사를 입력합니다. 또한 "자막은 넣지 마세요"라는 문구를 넣어야 불필요한 자막이 자동으로 생성되지 않습니다.

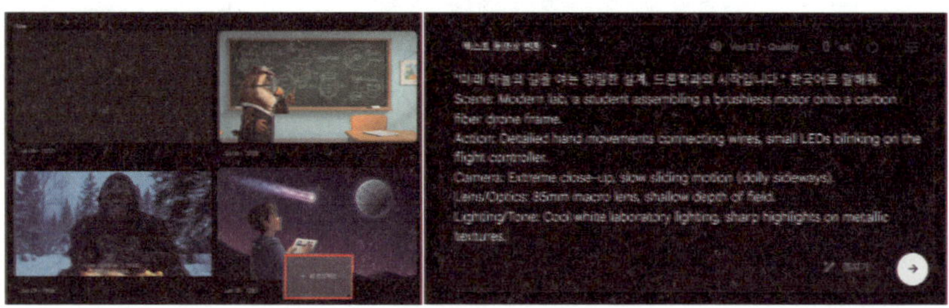

라. 캡컷에서 플로우에서 제작한 영상 이어 붙이기

플로우에서 생성한 영상을 다운받아 캡컷에서 이어 붙입니다.

마. 예시 프롬프트

대상: 회색 트레이닝복을 입은 짧은 스포츠컷의 40대 미국 남성이

장소: 거실 소파에 앉아

대사: "Good evening. I'm going to share my thoughts on today's news."라고 말합니다.

촬영 방식: 측면 중간 샷

조명: 노란 톤의 램프 조명

색감 분위기: 짙은 네이비와 짙은 우드톤이 조화를 이루는 차분하고
지적인 분위기

AI 제작 영상에서 캐릭터의 일관성을 유지하기 위한 방법은
다음과 같습니다.

1. 캐릭터의 외모, 복장, 헤어스타일, 표정, 소품 등 특징을 구체적으로
   문서화하고, 여러 각도와 표정의 레퍼런스 이미지를 준비하세요.
2. 각 장면을 생성할 때 프롬프트에 캐릭터의 핵심 특징을 반복적으
   로 명시하세요.

   예: "갈색 곱슬머리에 녹색 눈을 가진 소년"처럼 매번 동일한 키워드와 문구 사용

3. 영상 전체의 스타일(예: 픽사풍, 만화풍 등)을 프롬프트에 명확히 지정하
   면, 캐릭터가 약간 달라져도 전체적인 통일감이 유지됩니다.

직접 과제를 해결해볼까?

AI 기반 영상 기획: 멸종 위기 동물 보호 메시지 제작

☑ **과제 설명**

이 과제는 AI를 활용해 영상 콘텐츠를 기획·제작하면서, 멸종 위기 동물의 현재
상황과 보호의 필요성을 시청자에게 효과적으로 전달하는 것을 목표로 합니다.

☑ **최종 산출물**

영상 기획안

30초~1분 내외의 AI 기반 영상

영상 기획 요약(동물 정보, 핵심 메시지, 타깃 시청자)

짧은 자기 성찰 글

☑ **실습 질문**(1)

"멸종 위기 동물 중 반달가슴곰을 보호하자는 메세지를 담고 있는 영상의 프롬프트를 다음의 항목을 포함하여 제작해줘. 동작, 장면, 카메라앵글, 카메라 움직임, 렌즈 및 광학 효과, 조명, 색조"

☑ **실습 질문**(2)

"이 내용을 8초씩 3개의 장면으로 나누어서 장면별 프롬프트를 한글과 영어로 생성해줘."

---

3. 유튜브 채널 개설하고 운영하기

유튜브는 전 세계 수억 명이 사용하는 최대 규모의 동영상 플랫폼입니다. 본인만의 관심사와 전문성을 바탕으로 한 콘텐츠를 꾸준히 업로드하면 구독자들과 소통하며 채널을 성장시킬 수 있습니다. 유튜브 채널을 개설할 때에는 가장 먼저 유튜브 목적과 콘셉트를 정합니다. 대학생활 브이로그, 공부법, 알바 후기, 패션, 먹방, 전공 지식 등 유튜브에서 다룰 주제를 정합니다. 목적, 콘셉트, 주제가 정해졌다면 채널명을 정합니다. 채널을 개설한 후에 중요한 것은 꾸준한 업로드입니다. 일주일에 1~2회 정도 업로드합니다.

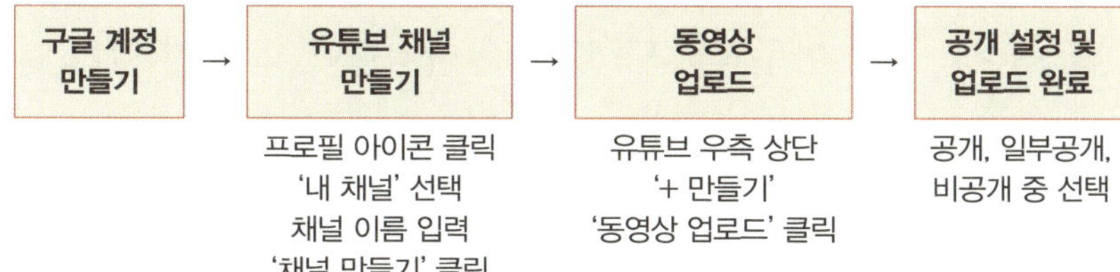

가. 짧고 강력한 콘텐츠, 쇼츠 만들기

지금 유튜브는 '긴 영상'뿐 아니라, 짧고 강렬한 쇼츠(Shorts)가 대세입니다. 쇼츠는 60초 이하의 세로형 짧은 영상으로, 빠르게 스크롤하며 소비되는 콘텐츠에 최적화되어 있습니다. 쇼츠는 틱톡이나 인스타 릴스처럼 세로형, 60초 이하의 짧은 영상입니다. 핵심은 '짧지만 임팩트 있게' 메시지를 전달하는 것입니다.

- **특징**

  빠르게 소비됨 → 첫 3초가 가장 중요

  반복 시청이 많음 → 리듬감 있는 편집 필요

  모바일 기반 시청 → 세로 화면 중심으로 제작

- **활용 예시**

  나만의 하루 루틴 15초 압축

  꿀팁 3개 요약하기

  브이로그 하이라이트 편집

  짧은 전공지식 전달 (예: "과학자가 알려주는 커피의 진실")

나. 짧은 영상의 기획과 구조

쇼츠라고 해서 아무거나 막 찍는 건 아닙니다. 오히려 짧기 때문에 더 탄탄한 기획이 필요합니다.

- **기획 팁**

  주제는 하나만! (예: "하루 루틴"이 아닌 "아침 기상 루틴")

  전달 포인트는 1~2개로

  첫 3초 안에 몰입 유도 (예: "이걸 안 보면 후회해요")

  마지막은 반복 시청 유도 (예: 질문 던지기, 액션 멘트)

다. 브루 활용하여 숏폼 제작하기

다른 앱과 프로그램이 많지만 브루는 간단하고 제공된 크레딧으로 영상을 제작할 수 있습니다.

- **활용 방법**

  텍스트를 비디오로 만들기

  어린이 학습 스타일

  대본 입력하기

- **실습 질문** (1)

  쇼츠 제작용 대본을 제작해줘.

  재미있고 친근한 말투로 친구한테 말해주는 것처럼

어미는 ∼하죠? ∼해봅시다. ∼인가요? 로 해줘.

암기 잘하는 법을 임팩트 있게 전달되도록 해줘.

쇼츠 대본의 길이는 1분이야.

직접 과제를 해결해볼까?

☑ **주제**
  – 키오스크 사용 방법 안내 쇼츠 제작하기

☑ **조건**
  – 1분 이내
  – 대상 60대 이상 어르신

☑ **예시 프롬프트**
  쇼츠 제작용 대본을 제작해줘.
  키오스크 사용하는 법을 쉽고 명확하게 전달되게 대본을 구성해줘.
  매우 상냥하고 예의바른 말투로 대본 구성해줘.
  쇼츠 대본의 길이는 1분이야.
  대상은 60대 이상 시니어 어르신이야.

직접 과제를 해결해볼까?

**대학생이 기업 면접을 준비할 때 포함하면 좋은 내용을 바탕으로
자기소개 영상 생성하기 프롬프트**

1. (자기소개) 자신의 성격이 잘 드러나도록 자기소개를 간결하게 합니다.

2. (지원동기) 해당 기업이나 직무를 선택한 이유를 포함하여 지원 동기를 포함합니다.

3. (경험 및 강점) 전공, 프로젝트, 인턴, 동아리, 대외활동, 연구 논문 등의 경험이 지원 직무와 어떻게 연결되는지 경험과 강점을 추가합니다.

4. (마무리) 입사 후 포부, 성장 방향, 기여 등으로 마무리합니다.

인물 설정: 단정한 단발머리의 20대 한국 여성 대학생

의상: 깔끔한 블라우스와 네이비색 재킷

장소 및 행동: 프레젠테이션 화면이 옆에 보이는 회의실 공간에서 경험 설명

표정: 설명하는 듯한 부드러운 표정

카메라 각도: 약간 측면 중간 샷

카메라 움직임: 천천히 좌우로 이동하며 자연스럽게 진행

조명: 밝은 화이트 톤

색감/분위기: 프레젠터 느낌의 전문성 있는 분위기

대사: "한국어로 말해주세요. 마케팅 프로젝트에서 팀장을 맡아 시장 분석과 전략 수립을 주도하며 실질적인 성과를 낸 경험이 있습니다. 이 경험을 통해 기획력과 추진력, 팀워크의 중요성을 배웠고, 이는 고객과 소통하는 직무에 강점이 될 수 있다고 생각합니다."

지니 한마디:

"주인님, AI 영상은 버튼을 누르는 사람이 만드는 게 아니라 프롬프트를 설계한 사람이 만드는 거예요!

대상·동작·장면·카메라 요소를 하나하나 의도적으로 써 주면, AI는 '대충 만든 영상'이 아니라 주인님의 생각을 담은 영상으로 답해 줄 거예요.

한 줄 프롬프트라도, 왜 그렇게 썼는지 설명할 수 있다면 이미 기획자는 성공이에요!"

03

디지털 포트폴리오와 자기 브랜딩

Intro: "이력서는 냈는데, 뭔가 부족한 느낌… 나를 더 잘 보여줄 수는 없을까?"

그 순간, AI 요정 '지니' 등장!

브랜딩은 선택이 아니라 전략이에요!

도구는 제가 챙겼어요. 같이 시작해볼까요?"

- **피그마(Figma)로 나만의 키워드 찾기:** 내 강점과 경험을 시각적으로 정리해요.

- **패들렛(Padlet)과 노션(Notion)에 내 활동 아카이빙하기:** 팀 프로젝트, 봉사활동, 공모전 참여 기록까지 한눈에!

- **챗지피티(ChatGPT)와 구글 문서(Google Docs)로 이력서 쓰기:** 단순한 정보 나열이 아닌, 스토리가 담긴 이력서를 작성해요.

- **구글사이트(Google Sites)로 만드는 포트폴리오:** 클릭 한 번으로 나를

소개할 수 있는 링크가 생깁니다.

이 수업은 단순히 이력서를 만드는 시간이 아닙니다. 디지털 공간에서 나를 전략적으로 드러내고, '선택받는 사람'으로 성장하는 첫걸음입니다. 지금, 여러분의 이야기를 담은 웹 포트폴리오를 직접 만들어볼까요?

- 피그마로 나만의 키워드 찾기
- 패들렛과 노션으로 내 활동 아카이빙하기
- 챗지피티와 구글 문서로 이력서 쓰기
- 구글 사이트로 포트폴리오 제작하기

1. 피그마[25]로 나만의 키워드 찾기

가. 목적

1) 나의 강점과 경험을 시각적으로 정리하며, 나를 대표하는 핵심 키워드를 찾아낼 수 있어요.
2) 대학 생활과 활동을 한눈에 보며 나의 성향과 가능성을 객관적으로 이해할 수 있어요.

나. 피그마 사이트 소개 (*출처: AskEdTech)

1) 피그마는 누구나, 시간과 장소에 관계없이, 인터넷과 컴퓨터

---

25. https://www.figma.com

만 있으면 곧바로 자유롭게 사용할 수 있는 디자인 툴입니다.

2) 통상적으로 UI/UX 디자인이나 디자인 시스템을 만드는 데 쓰이지만, 기획, PPT, 애니메이션, 짤&이모지 만들기 등 무궁무진한 용도로 활용할 수 있습니다.

3) 웹에 자동 저장되기 때문에, 시스템 크래시가 발생할 일이 매우 적습니다.

4) 지라, 노션 등 다른 서비스에서 임베드 기능을 제공하기 때문에, 다른 협업툴에서도 디자인을 실시간으로 확인할 수 있습니다.

다. 해보기

1) 메모를 이용하여 성격, 활동, 관심사 등을 적고 그룹을 만듭니다.

2) 프로젝트 활동을 마인드 맵, 표, 플로우 차트 형태로 정리합니다.

3) 내 키워드를 나타는 색, 아이콘, 그림을 넣어 나만의 브랜딩 보드를 완성합니다.

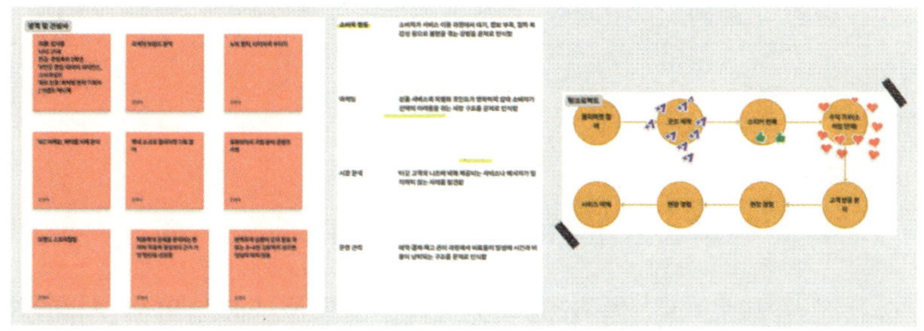

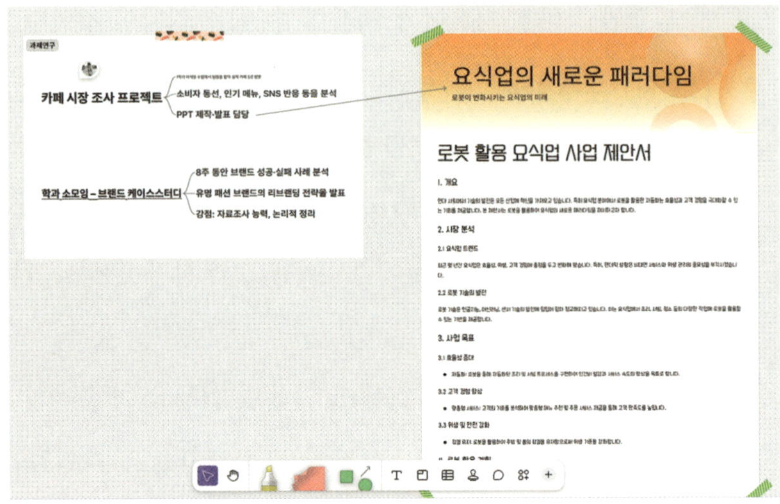

라. 대학생 자기 브랜딩 필수 요소

1) 정체성(Who am I)

가) "나는 어떤 사람인가?"를 한 문장으로 설명할 수 있어야 함

나) 전공 정체성, 나를 설명하는 핵심 키워드, 강점·성향, 가치관, 관심 분야 등

2) 스토리(Why me)

가) 활동이 아닌 '이야기'로 연결되는 경험 정리

나) 경험의 흐름, 성장 과정, 선택의 이유, 실패와 배움, 변화 포인트 등

3) 경험(What I did)

가) 역할·기여·결과가 드러나는 경험 정리

나) 전공 프로젝트, 동아리·학회 활동, 공모전·대회, 봉사·사회참여,

아르바이트·현장 경험 등

4) 역량(What I can do)

가) 경험 속에서 검증된 '할 수 있는 것'

나) 전공 지식, 문제 해결 능력, 기획력, 데이터·디지털 활용 능력, 커

뮤니케이션 능력 등

 **직접 과제를 해결해볼까?**

「나를 뽑아야 하는 이유」 브랜딩 미션

☑ **미션 설명**

"당신은 오늘 인사팀입니다.

10초 안에 '왜 나를 뽑아야 하는지' 설득하세요."

☑ **활동**

Figma에서 10초 설득 보드 제작

☑ **포함 요소**(필수)

나를 설명하는 키워드 3개

대표 경험 1개

나만의 강점 1줄

글 최소 / 시각 요소 최대

가. 목적

1) 다양한 활동(연구, 동아리, 프로젝트, 봉사, 수상 등)을 구조적으로 정리하여 나만의 기록 관리 시스템을 만들 수 있어요.

2) 시간이 지나도 활동 자료를 누적하여 대학, 취업, 면접에서 활용할 수 있는 증거 기반의 포트폴리오를 구축할 수 있어요.

나. 패들렛 소개 (*출처: AskEdTech)

1) Padlet은 온라인 게시판 형태의 협업 도구로, 글·사진·영상·파일·링크 등을 카드처럼 자유롭게 정리할 수 있는 플랫폼입니다.

2) 개인 기록뿐 아니라 모둠 활동, 프로젝트 공유, 포트폴리오 아카이빙 등 학습 기록을 시각적으로 정리하는 데 적합합니다.

3) 벽(Wall), 보드(Board), 타임라인, 칸반 등 다양한 레이아웃을 제공하여 활동 성격에 맞게 구조화할 수 있습니다.

4) 링크 공유만으로 결과물을 확인할 수 있어 교사·팀원·면접관과 손쉽게 공유할 수 있습니다.

다. 노션 소개 (*출처: AskEdTech)

1) Notion은 문서, 표, 데이터베이스를 하나로 통합해 관리할

수 있는 올인원 생산성 도구입니다.

2) 텍스트, 이미지, 링크, 파일, 체크리스트, 캘린더 등을 한 페이지 안에서 자유롭게 구성할 수 있어 개인 기록부터 포트폴리오 관리까지 폭넓게 활용할 수 있습니다.

3) 데이터베이스 기능을 활용하면 활동, 프로젝트, 일정, 성과 등을 체계적으로 분류·정렬·검색할 수 있습니다.

4) 페이지 간 연결이 가능해 활동 기록, 이력서, 포트폴리오를 하나의 흐름으로 연결된 구조로 설계할 수 있습니다.

5) 웹 기반 서비스로 언제 어디서나 접근 가능하며, 공유·공개 기능을 통해 포트폴리오 링크로 활용할 수 있습니다.

라. 해보기

1) 패들렛에서 활동별 게시판을 만들고 사진, 링크, 결과물 파일을 업로드합니다.

2) 각 활동에 대해 '목적-역할-결과-느낀 점' 순으로 간단한 설명을 작성합니다.

3) Notion에는 활동 타임라인, 프로젝트 DB, 자격증 목록 등을 만들어 장기적으로 관리합니다.

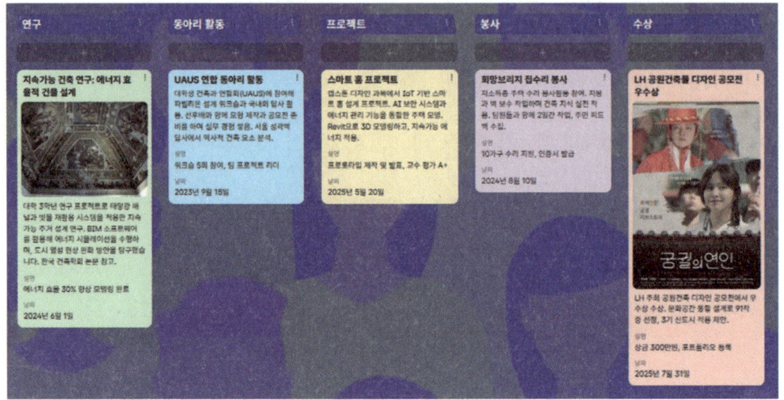

〈패들렛를 활용한 자기브랜딩 및 포트폴리오〉

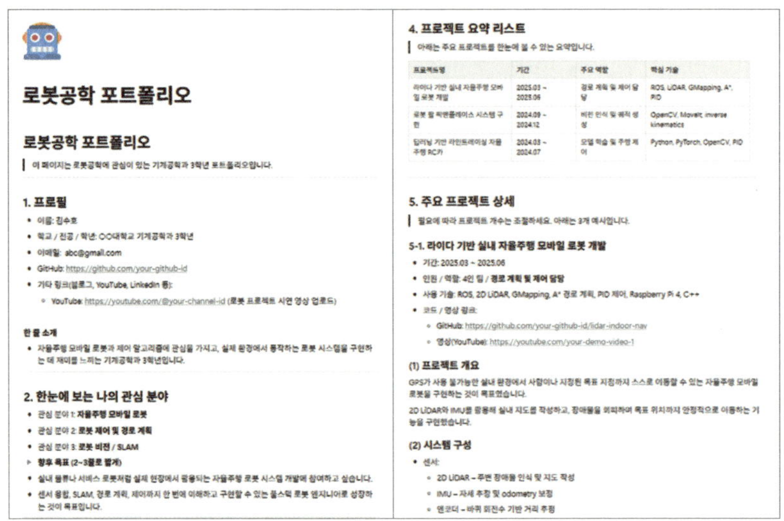

〈노션을 활용한 자기브랜딩 및 포트폴리오〉

마. 좋은 대학생 포트폴리오 핵심 조건

1) 좋은 대학생 포트폴리오는 제작 목적이 명확하게 드러나는 포트폴리오입니다.

2) 전공, 관심 분야, 강점 등 개인의 정체성이 한눈에 보이는

포트폴리오입니다.

3) 활동들이 단절되지 않고 시간의 흐름에 따라 스토리로 연결된 포트폴리오입니다.

4) 말로만 설명하는 것이 아니라 결과물과 자료로 역량을 증명하는 포트폴리오입니다.

5) 이력서, 자기소개서, 포트폴리오 전반에 일관된 키워드와 메시지가 유지되는 포트폴리오입니다.

6) 구조가 단순하고 가독성이 좋아 처음 보는 사람도 쉽게 이해할 수 있는 포트폴리오입니다.

7) 최근 활동이 반영되고 지속적으로 관리되는 현재 진행형 포트폴리오입니다.

직접 과제를 해결해볼까?

「내 활동을 중고나라에 올린다면?」

☑ **미션 설명**
"이 활동, 다른 사람이 돈 주고 사고 싶을까?"

☑ **활동**
Padlet에 활동 1개 선택
중고 거래 글 형식으로 작성
상품명(활동명 재해석), **특징**(내 역할 · 강점), **사용 후기**(배운 점)
추천 대상(이 활동이 어울리는 사람)

가. 목적

1) 경험을 단순 나열이 아닌 스토리 형태로 구성하여 나의 성장과 강점을 효과적으로 표현할 수 있어요.

2) AI의 도움으로 문장 표현, 구조 개선, 맞춤법 점검을 받아 더 완성도 높은 이력서를 만들 수 있어요.

나. Google Docs 소개

1) Google Docs는 웹 기반 문서 작성 도구로, 별도의 프로그램 설치 없이 인터넷만 있으면 언제 어디서나 문서를 작성하고 수정할 수 있습니다.

2) PDF, 워드 파일 등 다양한 형식으로 내보내기가 가능해 이력서·보고서·포트폴리오 작성 및 제출에 용이합니다.

다. 해보기

1) 피그마, 패들렛, 노션에서 뽑은 키워드를 바탕으로 핵심 경험을 목록화합니다.

2) 각 경험을 상황–과제–활동–결과로 정리하여 구글 문서에 이력서를 작성합니다.

3) 챗지피티에 문장 다듬기, 표현 개선, 제목 추천 등을 요청하여 이력서를 업그레이드 합니다.

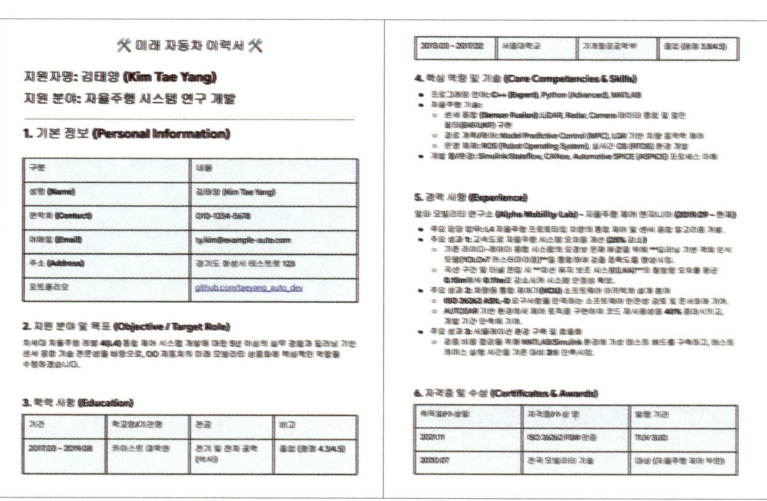

☆ 미래 자동차 이력서 ☆

지원자명: 김태양 (Kim Tae Yang)
지원 분야: 자율주행 시스템 연구 개발

1. 기본 정보 (Personal Information)

구분	내용
성명 (Name)	김태양 (Kim Tae Yang)
연락처 (Contact)	010-1234-5678
이메일 (Email)	ty.kim@example-auto.com
주소 (Address)	경기도 화성시 테스트로 123
포트폴리오	github.com/taeyang_auto_dev

2. 지원 분야 및 목표 (Objective / Target Role)

차세대 자율주행 레벨 4(L4) 통합 제어 시스템 개발에 대한 5년 이상의 실무 경험과 딥러닝 기반 센서 융합 기술 전문성을 바탕으로, OO 자동차의 미래 모빌리티 상용화에 핵심적인 역할을 수행하겠습니다.

3. 학력 사항 (Education)

기간	학교명/기관명	전공	비고
2017.03 ~ 2019.02	카이스트 대학원	전기 및 전자 공학 (석사)	졸업 (평점 4.3/4.5)
2013.03 ~ 2017.02	서울대학교	기계항공공학부	졸업 (평점 3.8/4.5)

4. 핵심 역량 및 기술 (Core Competencies & Skills)

- 프로그래밍 언어: C++ (Expert), Python (Advanced), MATLAB
- 자율주행 기술:
  - 센서 융합 (Sensor Fusion): LiDAR, Radar, Camera 데이터 융합 및 불안 필터(EKF/UKF) 구현
  - 경로 계획/제어: Model Predictive Control (MPC), LQR 기반 차량 동역학 제어
  - 운영 체제: ROS (Robot Operating System), 실시간 OS (RTOS) 환경 개발
- 개발 툴/환경: Simulink/Stateflow, CANoe, Automotive SPICE (ASPICE) 프로세스 이해

5. 경력 사항 (Experience)

알파 모빌리티 연구소 (Alpha Mobility Lab) – 자율주행 제어 엔지니어 (2019.09 – 현재)

- 주요 담당 업무: L4 자율주행 프로토타입 차량의 통합 제어 및 센서 융합 알고리즘 개발.
- 주요 성과 1: 고속도로 자율주행 시스템 요차율 개선 (25% 감소)
  - 기존 라이다–카메라 융합 시스템의 요차율 판재 해결을 위해 **딥러닝 기반 객체 인식 모델(YOLOv7 커스터마이징)**을 통합하여 감응 정확도를 향상시킴.
  - 곡선 구간 및 터널 전입 시 **차선 유지 보조 시스템(LKA)**의 활성화 요차를 평균 0.15m에서 0.11m로 감소시켜 시스템 안정성 확보.
- 주요 성과 2: 차량용 통합 제어기(MCU) 소프트웨어 아키텍처 설계 참여
  - ISO 26262 ASIL-D 요구사항을 만족하는 소프트웨어 안전성 검토 및 문서화에 참여.
  - AUTOSAR 기반 환경에서 제어 목적을 구현하여 코드 재사용성을 40% 증가시키고, 개발 기간 단축에 기여.
- 주요 성과 3: 시뮬레이션 환경 구축 및 효율화
  - 검증 비용 절감을 위해 MATLAB/Simulink 환경에 가상 센스트 베드를 구축하고, 센스트 케이스 실행 시간을 기존 대비 3배 단축시킴.

6. 자격증 및 수상 (Certificates & Awards)

취득일/수상일	자격증/수상 명	발행 기관
2021.11	ISO 26262 FSM 인증	TÜV/SUD
2020.07	전국 모빌리티 기술	대상 (자율주행 제어 부문)

라. 뽑고 싶은 이력서

1) 뽑고 싶은 이력서는 지원자의 전공과 진로 방향이 분명하게 드러나는 이력서입니다.

2) 단순한 활동 나열이 아니라 왜 그 경험을 했는지 맥락이 설명된 이력서입니다.

3) 각 경험마다 역할과 기여도가 구체적으로 드러나는 이력서입니다.

4) 지원자가 실제로 할 수 있는 역량이 경험을 통해 증명되는 이력서입니다.

5) 결과물, 성과, 변화 등이 명확하게 제시된 이력서입니다.

6) 직무와 관련 없는 내용은 과감히 정리된 이력서입니다.

7) 문장이 간결하고 읽는 사람이 이해하기 쉬운 이력서입니다.

8) 키워드와 표현이 일관되어 지원자의 강점이 자연스럽게 각

인되는 이력서입니다.

9) 숫자, 사례, 결과 등을 활용해 신뢰감을 주는 이력서입니다.

10) 포트폴리오나 추가 자료로 연결되어 더 알고 싶게 만드는
이력서입니다.

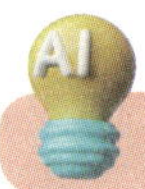

직접 과제를 해결해볼까?

ChatGPT 면접관과 1:1 모의 면접

☑ **미션 설명**

"AI 면접관이 묻습니다.
'이 경험, 왜 의미 있죠?'"

☑ **활동**

ChatGPT에 다음 프롬프트 입력
질문에 답변 → 다시 피드백 받기

"너는 방송국 PD야. 신입사원을 뽑는 데 필요한 가상의 상황을 제시하고 그에
맞는 질문 5개 구성해줘."

4. 구글 사이트로 만드는 포트폴리오

가. 목적

1) 이력서, 프로젝트, 사진, 영상 등 다양한 자료를 한곳에 모
아 체계적인 포트폴리오를 구성할 수 있어요.

2) 누구나 클릭 한 번으로 나의 역량과 경험을 쉽게 확인할 수 있는 전문적인 웹 포트폴리오를 만들 수 있어요.

나. 구글 사이트 소개

1) 구글 사이트는 별도의 코딩 지식 없이도 웹사이트를 쉽게 제작할 수 있는 웹 기반 도구입니다.

2) 반응형 웹을 지원해 PC, 태블릿, 스마트폰 등 다양한 기기에서 안정적으로 열리는 포트폴리오를 제작할 수 있습니다.

다. 해보기

1) 구글 사이트에서 포트폴리오 템플릿을 선택합니다.

2) 패들렛, 노션, 구글 문서 등의 링크를 연결하여 통합형 포트폴리오를 완성합니다.

직접 과제를 해결해볼까?

「엄마(또는 친구)에게 보여주는 포트폴리오」 제작하기

☑ **미션 설명**
"전공 모르는 사람이 봐도 이해될까?"

☑ **활동**
Google Sites 포트폴리오 제작 후
비전공자 1명에게 보여주기

다음 질문 받기

이 사람은 뭐 하는 사람 같아?

잘하는 게 뭐로 보이니?

궁금한 점은?

직접 과제를 해결해볼까?

「기업 입사 페이지 분석 미션」

☑ **미션 설명**

"기업은 어떤 사람을 원할까?"

☑ **활동**

관심 기업 1곳 선정

채용 공고 분석

반복 등장 키워드 5개

요구 역량

내 포트폴리오와 매칭 표 작성

☑ **결과물**

맞춤형 포트폴리오 방향 설정

'아직 부족한 점'이 명확해짐

지니 한마디:

"주인님, 포트폴리오는 결과물이 아니라 당신의 이야기예요!
내가 누구인지, 어떤 경험을 했고, 어떤 방향으로 성장하는 사람인지
디지털 공간에 차근차근 남기면… 선택받는 브랜드가 됩니다."

4

나에게 딱 맞는 커리어 설계하기

01

AI로 설계하는
나의 커리어 로드맵

'AI로 진로를 설계한다고? 그런데 나는 왜 아직도 막막할까?'

"아, 진로 생각하면 그냥 숨이 턱 막혀요."

"관심 있는 것은 많은데, 정작 '이거다' 싶은 게 없어요."

많은 대학생들에게 진로를 물어보면 이렇게 답합니다.

요즘은 인터넷만 켜면 수많은 '진로 설계', '커리어 관리', '자기 계발' 콘텐츠가 넘쳐납니다.

챗지피티(ChatGPT), 퍼플렉시티(Perplexity), 노션(Notion) 등 AI 도구를 활용한 취업 전략은 물론, 유튜브에서는 '자기소개서 한 번에 끝내는 꿀팁' 영상이 끊임없이 올라옵니다.

또 블로그와 브이로그만 보면 선배들의 성공 후기와 대기업 입사 전략을 쉽게 접할 수 있습니다.

하지만 막상 어디서부터 어떻게 시작해야 할지가 늘 고민스럽기만 하죠.

그 이유는 무엇일까요? 아마도 나를 이해하는 과정 없이, 다른 사람들의 전략에 의존하기 때문이 아닐까요?

이 장에서는 AI 기반 분석을 통해 나를 이해하고, 진짜 나에게 맞는 커리어 설계 방법을 함께 알아보려 합니다.

고용24 사이트를 활용하여 나의 흥미, 적성, 성격, 가치관을 진단하고, 그 결과를 바탕으로 나에게 적합한 직무와 산업을 AI 추천 기능으로 탐색해 봅니다. 또 관심 있는 기업을 선정해 비전, 전략, 문화까지 구체적으로 분석하는 방법도 함께 해보겠습니다. 이런 과정을 통해 스스로의 가능성과 방향성을 체계적으로 정리하고, 나만의 커리어 로드맵을 차근차근 직접 설계해 나갈 수 있을 것입니다.

1. 나를 이해하는 질문 시작하기 : 흥미, 적성, 가치관 찾기

진로 설계의 첫 번째 단계는 진정한 나를 찾는 것입니다. 내가 무엇을 좋아하는지(흥미), 무엇을 잘할 수 있는지(적성), 어떤 가치를 중요하게 여기는지(가치관)를 탐색하는 과정이라고 볼 수 있습니다. 물론, AI가 많은 도움을 줄 수는 있지만, 진로 탐색의 핵심은 나에게서 출발하는 질문입니다. 진로는 결국 내가 직접 선택하고 걸어가야 할 길이기 때문이죠.

지금, 나 자신에게 질문을 던져보세요. 그 답을 찾는 과정을 통해, 내가 어떤 사람인지, 어떤 성향과 가치관을 지녔는지 조금씩 구체화해 봅시다. 이처럼 나를 이해하는 과정은 진로 설계의 출발점이며, 이는 진로 이론에서도 꾸준히 강조되어 온 부분입니다.

이 같은 흐름은 진로 이론의 기본 원칙으로도 이어졌습니다. 진로 이론의 창시자 중 한 명인 프랭크 파슨스(Frank Parsons)는 진로 선택의 핵심 요소를 세 가지로 제시했습니다. 자기이해(self-understanding), 직업세계에 대한 이해(knowledge of the world of work), 이성적인 판단(true reasoning) 입니다.

다음은 파슨스의 진로 이론을 바탕으로 구성한 질문입니다. 아래 질문에 스스로 답해 보며, 나의 커리어 방향을 조금씩 선명하게 정리해보세요.

✔ 활용팁: 스스로에게 던지는 질문

★ 자기이해(self-understanding)
나는 어떤 활동을 할 때 가장 몰입하게 되나요?
내가 비교적 잘한다고 느끼는 능력이나 기술은 무엇인가요?
나는 주변 사람들에게 어떤 모습으로 자주 기억되나요?
나에게 '일'이란 어떤 의미를 가지고 있나요?
나는 어떤 환경에서 나의 강점을 가장 잘 발휘할 수 있나요?

★ **직업세계에 대한 이해**(knowledge of the world of work)

내가 흥미를 느끼는 직업이나 산업 분야는 무엇인가요?

나는 그 직업에 필요한 역량이나 자격 요건을 어느 정도 알고 있나요?

나에게 '좋은 회사'란 어떤 조건을 갖춘 곳인가요?

내가 관심 있는 직무는 어떤 사회적 가치나 역할을 수행하나요?

★ **이성적 판단**(true reasoning)

내가 좋아하는 일과 잘할 수 있는 일이 항상 일치하나요?

나는 나의 강점이 내가 원하는 직무에 잘 맞는다고 생각하나요?

내가 진로를 선택할 때 가장 중요하게 여기는 기준은 무엇인가요?

내가 선택하고자 하는 직업은 현재 나의 역량이나 준비 수준과 얼마나 잘 맞을까요?

나에게 진로 설계는 지금 어느 정도의 실행 계획으로 구체화되어 있나요?

★★★ 추가: 다양한 도구를 통해 자기 이해 진단 가능 ★★★

1. MBTI 검사

   : 16가지 성격 유형을 기반으로 사고방식, 대인관계, 업무 스타일 파악

2. DISC 검사

   : 행동 유형을 4가지로 분류해 대인관계, 커뮤니케이션 스타일, 업무 태도 파악

3. 에니어그램 검사

   : 9가지 성격 유형을 통해 대인관계, 자기 성장 방향 탐색

4. 빅파이브 검사

   : 5가지 요인(개방성, 성실성 등)을 통해 성격 강도와 직무 적합성 파악

5. 홀랜드 검사

   : 고용24의 직업선호도검사 S형·L형을 통해 개인의 직업적 흥미유형 진단

6. 직업 가치관

   : 고용24의 직업가치관 검사를 통해 직업 선택 시 중요하게 여기는 가치 파악

7. 직업적성검사

   : 고용24의 직업적성검사를 통해 개인의 능력과 직무 적합성 확인

앞에서 스스로에 대한 질문과 다양한 검사 도구를 통해 나의 흥미, 적성, 가치관, 성격 등을 파악했다면, 이제 그 내용을 바탕으로 나와 잘 맞는 직무를 구체적으로 탐색해 볼 단계입니다.

최근에는 AI 기술의 발전으로 진로 탐색은 단순히 직업 목록 나열을 넘어, 개인의 성향과 이력에 기반한 맞춤형 직무 추천까지 가능해졌습니다.

고용노동부의 고용24 사이트[26]는 AI 추천기능을 통해 사용자가 자신에게 적합한 직무와 산업을 체계적으로 탐색할 수 있도록 돕고 있습니다.

가. 고용24 잡케어(JobCare) 활용

잡케어(JobCare)는 고용24의 대표 AI 진로, 직업 추천 서비스입니다. 사용자가 이력, 자격증, 학력, 희망 조건 등을 입력하면, AI가 이를 분석해 적합한 직무와 산업을 추천해 줍니다. 또한 경력 관리와 진로 설계를 지원하며, 필요한 훈련 프로그램과 직무 역량 연계 정보도 함께 제공하여 보다 체계적인 커리어 탐색을 돕습니다.

나. 고용24 AI 일자리 추천 기능 활용

고용24의 AI 일자리 추천은 이력서에 포함된 학력, 전공, 자

---

26. work24.go.kr

격 등을 분석하고, 근무지역, 고용 형태, 연봉 등 희망 조건을 종합적으로 고려해 맞춤형 일자리를 제안합니다. 또한 사이트 이용 기록 (자주 본 공고, 관심 직무)을 바탕으로 나와 유사한 구직자들의 선호 패턴까지 분석하여, 구체적이고 최적화된 직업 추천을 제공합니다.

진로 방향이 어느 정도 정해졌다면, 이제 관심 있는 기업에 대해 구체적으로 조사하고 분석하는 단계입니다. 입사하고 싶은 회사에 대해 깊이 이해하기 위해서, 다양한 출처를 활용한 정보 탐색이 중요합니다. 이를 위해 고용24의 기업정보 메뉴를 통해 기초 정보를 확인하고, 기업 공식 홈페이지, 전자공시시스템(DART)를 통해 재무 및 사업 현황을 파악하세요. 여기에 AI 도구를 함께 활용하면, 기업 비전, 전략, 문화를 빠르고 요약된 형태로 분석할 수 있습니다.

가. 고용24 기업정보 메뉴 활용

기업정보 메뉴에서는 기업의 규모, 업종, 지역, 복지제도, 채용 공고 등 다양한 기초 정보를 종합적으로 확인할 수 있습니다. 산업별로 어떤 기업이 활동 중인지 빠르게 확인할 수 있어, 진로 탐색 초기 단계에 유용합니다.

나. 기업 공식 홈페이지 분석

관심 있는 기업의 공식 홈페이지를 방문하면, 기업의 미션, 비전, 핵심가치, 경영정보, 공시 자료로, CI(Corporate Identity) 등 다양한 정보를 구체적으로 파악할 수 있습니다. 특히, 인재상, 인사 제도, 복지 정책, 채용 관련 정보는 면접과 자기소개서를 준비할 때 매우 유용하게 활용됩니다.

✔ **활용팁**

1. 핵심 정보 확인: 미션, 비전, 핵심가치, 경영정보, 사업분야, CI/브랜드 관련 자료
2. 채용 공고 확인: 우대 자격증, 전공, 언어능력, 인턴 및 경력 요건 파악
3. 인재상, 인사 제도: 기업이 원하는 인재상, 인사 정책, 채용 프로세스, 교육 개발 프로그램
4. 최근 이슈와 전략 파악: IR 자료, 기업이 최근에 강조하는 가치, 전략, 프로젝트
5. 자기소개서 활용: 홈페이지에 사용된 표현과 용어를 자기소개서에 반영
6. 면접 활용: 인재상과 경험 연결, 기업 전략과 최근 사업 강조점을 참고해 예상 질문 준비
7. 문화 파악: SNS, 임직원 인터뷰 자료 등을 활용해 기업 문화와 분위기를 간접적으로 이해

다. AI 검색 도구 활용

퍼플렉시티, 챗지피티, 제미나이 등 과 같은 AI 기반 검색 도구를 활용하면 관심 있는 기업의 재무 정보, 시장 점유율, ESG 등급, 최근 뉴스와 이슈 등을 구조화된 형태로 빠르게 파악할 수 있습니다.

특히, 일반적인 기업 홈페이지에서 확인하기 어려운 정보까지 제공되므로, AI 도구를 함께 활용한다면 기업 분석의 깊이와 정확성을 더욱 높일 수 있습니다.

> ✔ **활용팁**
>
> 1. 재무 정보, 산업구조 등 배경 지식을 쉽고 명확하게 요약하여 이해 가능
> 2. 비교 질문을 통해 경쟁사와의 차별점 및 상대적 강점 파악 가능
> 3. 단순한 정보 수집을 넘어, 핵심 인사이트 중심의 분석 자료 확보 가능
> 4. 최근 뉴스와 트렌드를 한 번에 정리해 기업의 현재 위치 파악 가능
> 5. 채용 트렌드와 인재상 분석을 통해 지원 전략 가능
> 6. 다중 질문으로 깊이 있는 탐색 가능

라. DART 전자공시시스템

금융감독원에서 운영하는 전자공시시스템인 DART[27]을 이용하면, 상장 기업의 재무제표, 사업보고서, 감사보고서 등 공시자료를 열람할 수 있습니다. AI 기반 검색 도구를 통해 기업 정보를 폭넓게 파악한 뒤, DART를 통해 재무 데이터를 정확하게 검증하는 데 활용할 수 있습니다. 특히 기업의 경영 현황, 재무 건전성, 중장기 전략 및 리스크 요인 등을 공신력 있는 자료로 종합적이고 신뢰도 높게 확인할 수 있습니다.

---

27. dart.fss.or.kr

✔ 활용팁

1. 사업보고서에서 사업의 내용 확인: 주요 사업 분야, 매출 비중, 성장 전략 파악
2. 재무제표 분석: 연결재무제표의 매출액, 영업이익률 등 핵심 지표 검토
3. 감사보고서로 리스크 확인: 회계감사 의견, 내부통제 결함 여부 확인
4. 공시 일자 순으로 최근 동향 파악: 분기·반기보고서, 수시공시로 최신 정보 업데이트
5. 희망 직무 관련 실적 확인: 주요 부서 성과를 자기소개서 및 면접에 구체화
6. AI와 연계 활용: DART에서 찾은 수치를 기반으로 AI에 질문하여 분석 심화

4. 통합 분석으로 나의 로드맵 설계하기

이제 다양한 분석 결과를 바탕으로, 나만의 진로 로드맵을 구체적으로 설계할 시점입니다. 진로 설계는 단순히 '직업을 고르는 것'에 그치지 않습니다. 나의 역량, 성향, 흥미, 가치관을 충분히 고려하여, 어떤 직무와 산업, 기업, 그리고 성장 경로가 나에게 가장 적합한지를 종합적으로 판단해야 하는 과정입니다.

특히 AI 도구와 공공데이터를 함께 활용한 통합 분석은 정보 탐색의 깊이와 정확도를 크게 높여줍니다. 단순히 웹사이트나 자료를 읽는 수준을 넘어, 여러 데이터와 자료를 체계적으로 비교·분석할 수 있으며, 나의 강점과 가능성을 기반으로 한 전략적 선택이 가능해집니다. 이를 통해 자기 주도적으로 진로를 설계하고, 구체적 실행 계획을 세울 수 있는 강력한 도구로 활용할 수 있습니다.

오늘날은 '무엇을 선택할지'보다 '어떻게 선택할 것인지'가 훨씬 더 중요한 시대입니다. 단순히 인기 있는 직무나 기업을 따라가는 것이 아니라, 나의 적성과 능력, 장기적 성장 가능성을 기준으로 직무와 기업을 전략적으로 연결하고, 현실적인 실행 계획까지 포함한 커리어 로드맵을 만드는 것이 핵심입니다.

지금까지 우리는 나의 흥미, 적성, 성격, 가치관을 진단하고, AI와 고용24의 공공데이터를 활용해 적합한 직무와 기업을 탐색하고 분석하는 방법을 익혔습니다.

이 모든 과정을 바탕으로, 나만의 진로 로드맵을 체계적으로 정리해 봅시다. 예를 들어 관심 기업의 요구 역량과 나의 경력을 맞춰보고, 필요 자격증·인턴 계획을 세우며, 단기(1년)/중기(3년)/장기(5년) 목표를 구체화하세요.

결국 이 과정은 단순히 직업 선택이 아니라, 나 자신과 가능성을 전략적으로 연결하는 일입니다. 불확실성을 줄이고, 자기 주도적 커리어 관리의 첫걸음을 내디뎌 봅시다.
지금 바로 노션에 나만의 로드맵을 그려보세요.

 **활용팁 : 나만의 커리어 로드맵, AI와 함께 완성하는 진로 설계**

1. 나의 흥미, 적성, 성격, 가치관 진단

고용24 직업심리검사 메뉴를 활용해 다양한 검사 진행

- 직업선호도검사 S형(개정) 25분
- 직업선호도검사 L형(개정) 60분
- 성인용 직업가치관 검사 20분
- 성인용 직업적성검사(개정) 80분
- 흥미로 알아보는 직업탐색(Job아드림) 2분

2. AI 기반 직무 추천

AI가 추천한 직무 중 흥미가 가는 분야를 중심으로 관심 기업 탐색

- 고용24 잡케어(JobCare)
- 고용24 AI 추천 정보, AI 일자리 추천

3. 관심 있는 기업 분석

- 고용24 기업정보 메뉴(기업 규모, 업종, 지역, 복지제도 등 기초 정보 확인)
- 기업공식 홈페이지(인재상, 채용공고, 전략 자료) 분석
- DART 전자공시시스템(재무제표, 사업보고서, 감사보고서)에서 자료 확인
- AI 검색 도구 활용(기업 비전, 전략, 문화 등 요약 및 비교 분석)

★★★ **통합 분석 전략**(AI + 공공데이터 최적 조합) ★★★

고용24 기업정보→ 퍼플렉시티 등 AI 검색 → DART 재무 분석 → 챗지피티로 요약 및 비교 정리 → 나의 강점, 경력과 요구 역량 비교 → 자기소개서 면접 준비

 **실전: AI + 공공데이터로 기업 통합 전략 분석 실습**

▷ **금융회사 취업을 위한 실전 기업 분석**(유안타증권 사례)

★ 1단계: 고용24 기업정보 메뉴로 기초 정보 확인

실행: 고용24 → [기업정보] 메뉴에서 '유안타증권' 검색

확인 항목: 업종(금융업), 설립연도, 본사 위치, 연봉, 채용 공고, 복지 등

활용 팁: 기업 개요를 빠르게 확인 가능, 최근 채용 흐름 확인 가능

       금융권 직무 채용 비중 확인

** 추가: 한국금융투자협회 채용 공고로 증권사 자산운용사 비교 분석

     (우대사항: 인턴, 경력, 자격증 유무, 언어능력, 전공 일치 등 확인)

↓

★ 2단계: 유안타증권 공식 홈페이지 분석

실행: 유안타증권 공식 웹사이트 접속

확인 항목: 기업 비전, 미션, 인재상, 인사 제도, 경영 철학 및 ESG 전략, 부서

활용 팁: 기업의 인재상과 자신의 성향이 얼마나 부합하는지 분석하고,

      자기소개서에 반영

      기업이 강조하는 핵심 가치를 이해하고 면접 준비

↓

★ 3단계: 퍼플렉시티 등 AI 도구로 최근 동향 요약 분석

실행: 유안타증권 최근 3년 재무제표 요약, 유안타증권 최근 뉴스 요약

활용 팁: 한눈에 요약된 정보를 통해 최신 투자전략, 실적 변화, 이슈 파악

      산업 내 경쟁사와 비교 가능(미래에셋증권, NH투자증권과 비교)

↓

★ 4단계: DART 전자공시시스템에서 공식 보고서 확인

실행: dart.fss.or.kr 접속→ 유안타증권 검색

확인 항목: 최근 사업보고서, 연결재무제표, 리스크 요인 및 중장기 전략

활용 팁: 자기소개서에 수치 기반 분석 언급 시 신뢰도 상승

      ROI, ROE 등 파악으로 기업의 수익성과 성장 가능성 확인 가능

      직무와 관련된 부분 실적 추이 분석 가능

↓

★ 5단계: 챗지피티 등 AI 도구로 요약 및 비교 정리

실행: 질문하기 '유안타증권과 NH투자증권 재무 성과 비교해줘'

      '유안타증권의 인재상과 MBTI ESTJ 성향이 얼마나 잘 맞는지 설명해줘'

활용 팁: 홈페이지, DART, 기사 등 자료를 기반으로 AI에게 핵심 요약 요청

      금융회사에서 요구하는 핵심 역량 빠르게 구조화

      전문용어 해석과 배경지식 습득이 용이, 복잡한 정보 효율적 탐색 가능

 **자소서, 이력서,
면접 100% 통과 전략**

　자기소개서 쓰기와 이력서 작성 그리고 면접 준비, 이제 AI와 함께 효율적으로 준비하세요. 성공적인 취업을 위해 자기소개서 작성과 면접 준비는 필수적인 과정입니다. 하지만 많은 취업 준비생들이 막막함과 불안감을 느끼곤 합니다. '어디서부터 시작해야 할지', '면접에서 실수는 하지 않을지'와 같은 고민은 자연스러운 것입니다. 백지 상태의 자기소개서 앞에서 시간을 허비하거나, 홀로 면접 연습을 하며 객관적인 피드백을 받지 못해 답답함을 느끼는 경우가 많습니다. 이러한 어려움을 극복하고 취업 준비 과정을 한층 더 효율적으로 만들 수 있도록 AI 기술이 든든한 조력자가 되어 드릴 것입니다. AI와 함께라면 자기소개서 작성부터 면접 연습까지, 취업 준비의 모든 단계가 더욱 수월해질 것입니다.

- 자기 소개서: 뤼튼(Wrtn)으로 자기소개서 초안 작성하기 – 레쥬메 AI(Resume AI)로 이력서 손쉽게 작성하기 – 워드바이스 AI(Wordvice AI)로 완벽한 영문 자기소개서 완성하기
- 이력서: 레쥬메닷아이오(Resume.io)로 글로벌 기준 이력서 구조 설계하기 – AI 추천 문장과 키워드로 직무 맞춤 이력서 작성하기 – ATS 적합성 점검 후 PDF · TXT형식으로 영문 · 국문 이력서 완성하기
- 면접: 사람인 AI 모의면접으로 실전 같은 연습하기 – 인터뷰 웜업(Interview Warmup)으로 글로벌 표준 면접 익히기 – 잡다(JOBDA)로 기업별 맞춤 면접 완벽 대비하기

1. AI가 바꾼 자기소개서와 이력서 작성의 새로운 패러다임

대학교 4학년이 되어서야 처음으로 자기소개서를 써야 한다는 현실과 마주하는 경우가 많습니다. "나에 대해 써야 하는 건 알겠는데, 대체 뭘 어떻게 써야 하지?"라는 막막함이 가장 큰 문제로 다가옵니다. 특별한 경험도 없고, 평범한 대학생활을 보낸 자신에게 무슨 특별한 이야기가 있겠느냐는 생각에 며칠째 컴퓨터 앞에서 첫 문장조차 쓰지 못하는 경우도 흔합니다.

이런 고민을 해결해 주는 것이 바로 AI 도구들입니다. AI는 평범해 보이는 경험도 의미 있는 스토리로 재구성해 주고, 기업이 원하는 인재상에 맞는 표현으로 다듬어 줍니다. 더 이상 어떻게 써야 하는지 고민할 필요가 없습니다.

가. 뤼튼으로 자기소개서 작성하기

뤼튼은 한국인이 만든 한국형 AI로, 우리나라 기업 문화와 언

어적 특성을 잘 이해하고 있습니다. 국문 중심 AI 글쓰기 도구로, 기본 템플릿과 자동 생성 기능을 무료로 제공합니다. 다만 생성량 제한, 저장 공간 등 일부 기능은 계정 유형에 따라 제한될 수 있습니다. 특히 자기소개서 전용 도구가 따로 마련되어 있어 매우 유용합니다. 왼쪽 메뉴에서 '도구'를 클릭한 후 '자기소개서'를 선택하면 됩니다. 그러면 지원 회사명, 지원 직무, 본인의 경험과 핵심 이력, 그리고 작성해야 할 자기소개서 문항을 입력하는 칸이 나타납니다. 여기서 중요한 것은 가능한 한 구체적으로 정보를 입력하는 것입니다.

✦ 실제 사례: 카카오 게임 기획자에 지원하는 경우 ✦

예를 들어, 카카오 게임 기획자에 지원한다면 "지원회사: 카카오", "지원직무: 게임 기획자", "핵심경험: 대학생 게임 개발 동아리에서 기획팀장을 맡아 모바일 게임을 기획하고 출시한 경험이 있으며, 3개월간 게임 회사에서 인턴십을 진행했습니다"와 같이 입력하면 됩니다. 그리고 이력서, 생활기록부, 자기소개서, 공고 내용 등 참고할 만한 자료가 있으면 파일을 업로드합니다. 자기소개서 문항은 해당 기업의 채용공고에서 그대로 복사해서 붙여 넣으면 됩니다. 가장 인상 깊었던 게임 기획 경험 한 가지를 선택하여 다음과 같이 입력합니다.

▷ ① 프로젝트 개요 ② 본인의 역할

　③ 직면한 문제와 해결 과정 ④ 결과 및 성과 작성

입력을 완료하고 '자동 완성' 버튼을 누르면 몇 초 만에 완성도 높은 자기소개서 초안이 만들어집니다. 물론 이것을 그대로 제출해서는 안 됩니다. AI가 만든 것은 어디까지나 '초안'이고, 여기에 본인만의 경험과 감정, 구체적인 사례를 추가해야 진정한 자기소개서가 완성됩니다.

나. 챗지피티와 함께하는 심화 자기소개서 작성

기본 AI 도구들과 함께 챗지피티를 활용하면 더욱 완성도 높은 자기소개서를 만들 수 있습니다. 챗지피티는 특히 STAR 기법(Situation-Task-Action-Result)을 적용한 경험 서술에 매우 유용합니다. STAR 기법을 적용할 때는 "다음 경험을 STAR 기법으로 정리해서 자기소개서에 활용할 수 있도록 작성해줘"라고 요청한 후, 구체적인 상황, 과제, 행동, 결과를 입력하면 됩니다. 예를 들어 "상황: 대학교 창업동아리에서 앱 개발 프로젝트 진행, 과제: 사용자 경험 개선을 통한 앱 이용률 증대, 행동: UX 리서치 실시 및 인터페이스 재설계, 결과: 앱 다운로드 수 300% 증가, 사용자 만족도 4.2→4.8점 향상"과 같이 입력하면 체계적이고 설득력 있는 경험 서술을 만들어 줍니다. 또한 챗지피티는 기업별 맞춤형 자기소개서 작성에도 매우 유용합니다.

이 결과를 참고로 해서 실제 경험치를 대입해 서술하면, 보다 쉽게 자기소개서를 작성할 수 있습니다.

다. 레주메닷아이오[29]로 이력서와 커버레터 만들기

1) 이력서 만들기

해외 취업이나 외국계 기업 지원을 준비하시는 분들은 레주메닷아이오를 통해 국제적으로 통용되는 형식의 이력서와 커버레터를 손쉽게 작성할 수 있습니다. 무료 계정을 만들면 기본 템플릿을 선택할 수 있으며, AI 추천 문장·필수 키워드 제안, ATS(지원자 추적 시스템) 적합성 점수(Resume Score)를 실시간으로 확인하면서 문서를 완성할 수 있습니다. 완성본은 PDF 형태로 바로 내려받아 제출할 수 있고, TXT 파일로 저장한 뒤 Microsoft Word

---

28. bit.ly/3TBrBJi
29. resume.io

나 Google Docs에서 필요한 디자인 요소를 추가하거나 한글 버전으로 재편집할 수도 있습니다. 단, 무료 플랜에서는 이력서·커버레터를 합산해 한 개 파일만 보관할 수 있으며, 추가 템플릿·색상 변경·DOCX 다운로드 등은 유료 기능이니, 한 번 사용해보고 필요하면 결제하시면 됩니다.

사용 방법은 다음과 같습니다. 먼저 Dashboard의 Documents의 My Resumes를 선택하면 'Resumes & Cover Letters' 섹션 아래 'Resumes'가 나옵니다.

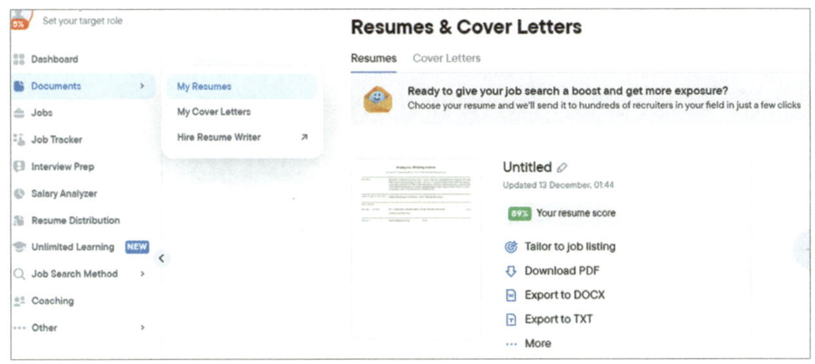

[그림] 대시보드의 Resumes 화면

우측의 + Create New와 Create a new resume를 클릭합니다. 상단 Job Title 칸에 지원 직무(예: "Marketing Assistant")를 입력하고, 이름과 이메일 등 기본적인 개인 정보를 입력합니다. 입력한 정보는 이력서 상단에 자동으로 반영되며, 이후 경력(Employment History) 작성 단계로 이동합니다. 다음으로 경력(Employment History), 학력(Education), 기술(Skills)을 순서대로 입력하고, Professional Summary에서 자신의 강점과 경험을 간단한 문단으로 정리합니다. 필요에 따라 언어, 활동, 자격 등 추가 섹션을 선택할 수 있으며, 'Ask AI writer'기능을 활용하면 요약문 자동 생성, 문법 검사, 문장 다듬기, 분량 축약 등의 작업을 간편하게 수행할 수 있습니다. 마지막으로 AI Review를 통해 이력서의 완성도와 개선 사항을 확인할 수 있습니다.

✦ **실제 사례**

: 코카-콜라 한국지사 Marketing Assistant 지원하는 경우 ✦

▷ Personal details: Job Title에 'Marketing Assistant' 입력 – 직무명을 입력하자마자 "Brands and Marketing Assistant," "Marketing Information Assistant" 같은 마케팅 핵심어가 자동 추천되므로 이 중 선택 가능. 이 외에도 First Name, Last Name, Email, Phone, Address, City, Country를 차례로 입력

▷ Employment History: Job Title에 있는 'Digital Marketing Coordinator', Employer에 Lotte Chilsung Beverages 입력. 또한 City, Start Date, End Date, Description 기입.

▷ Education: Degree/ Program, School/ University, City, Start Date, End Date, Description 기입

▷ Skills (최대 5개 권장): Skill 입력하고 해당 Level 체크하기
ex) Digital Marketing Strategy – Expert

▷ Professional Summary: ex) Results-driven Marketing Assistant with 3 + years of experience designing data—led campaigns for leading FMCG brands. Increased online beverage revenue by 27 % through targeted social media and influencer partnerships, and improved CTR by 1.6 pp using rigorous A/B testing. Adept at analysing social media ROI, automating KPI dashboards, and crafting engaging bilingual content. Eager to bring a blend of creativity and analytics to drive Coca—Cola Korea's next growth story.

▷ AI Review를 통해 이력서의 완성도와 개선 사항을 확인

항목을 채울수록 'Your resume score'가 단계적으로 상승하며, 모든 항목을 충실히 작성하면 100점으로 표시됩니다. 수정·보완을 마친 후 우측 상단의 Download를 선택해서 PDF로 내려받아 제출할 수 있고, TXT 파일은 Word에서 복사하여 국문 이력서 양식으로 재가공하면 한 번의 작업으로 영문·국문 서류를 모두 준비할 수 있습니다.

2) 커버레터 만들기

커버레터 작성을 위해 먼저 Dashboard → Documents → Cover Letters를 선택합니다. 화면 우측의 + Create New 또는 New Cover Letter를 클릭하면 새 커버레터 작성 화면으로 이동합니다.

이후 Personal Details 영역에서 이름, 지원 직무, 이메일, 전화번호 등 기본 정보를 입력하면 해당 내용이 커버레터 상단에 자동 반영됩니다. 다음으로 Employer Details에서 지원 회사명과 담당자 이름을 입력하며, 담당자를 모르는 경우 회사명만 입력해도 무방합니다.

Letter Details 영역에서는 지원 동기와 강점을 중심으로 3~4단락의 커버레터 본문을 작성합니다. 작성 중에는 편집 도구를 활용해 문단 구성과 강조 표시를 조정할 수 있으며, 화면 오른쪽 미리보기를 통해 실제 커버레터 형식을 동시에 확인할 수 있습니다. 모든 내용을 입력한 뒤에는 상단의 Download 메뉴를 통해 PDF 또는 DOCX 형식으로 파일을 내려받아 제출할 수 있습니다.

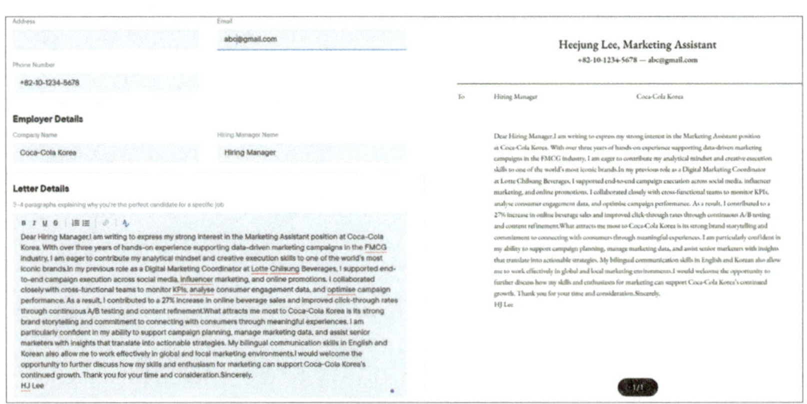

[그림] 커버레터 작성 화면 예

라. 워드바이스 AI[30]로 교정 및 첨삭하기

뤼튼과 레쥬메닷아이오를 통해 자기소개서와 이력서 초안을 빠르게 만들 수 있었습니다. 특히 레쥬메닷아이오로 작성한 영문 서류는 국제적인 기준에 맞춰 잘 구성되어 있지만, AI가 생성한 문장은 때때로 어색하거나 미묘하게 부자연스러울 수 있습니다. 이러한 AI 특유의 냄새를 지우고, 더욱 매끄럽고 설득력 있는 문장으로 다듬는 과정이 바로 교정(Proofreading)과 첨삭(Editing)입니다. 이 과정에서 워드바이스 AI가 강력한 도움을 줄 수 있습니다. 워드바이스 AI는 한국어와 영어를 기반으로 하는 인공지능 글쓰기 도우미로, AI 영문 교정기 기능을 통해 문법, 철자 오류는 물론, 문맥에 맞는 단어 선택, 전문적인 어조 유지, 그리고 복잡한 문장의 간결화를 통해 글의 완성도를 높여줍니다.

무엇보다 좋은 점은 한국어뿐만 아니라 영어, 중국어, 일본어 등 다양한 언어를 선택하여 원하는 언어로 교정 및 첨삭 서비스를 이용할 수 있다는 점입니다. 먼저 한국어 교정 사례를 보여드리겠습니다. 다음과 같이 아주 어색한 자기소개서 초안을 타이핑한 후 '교정하기' 버튼을 누르면 다음과 같이 교정해줍니다.

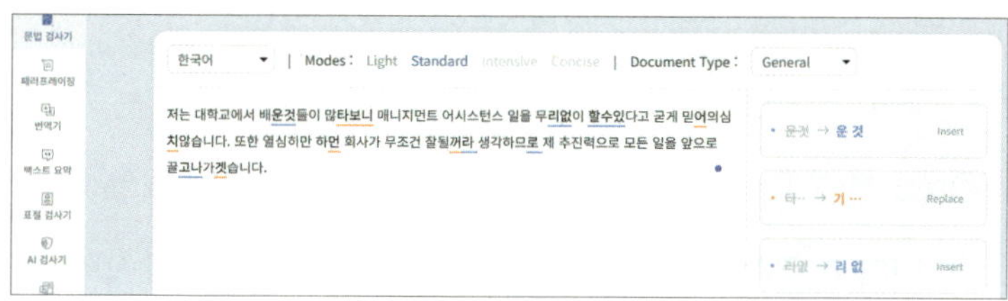

[그림] 한국어 교정 예시

30. wordvice.ai/ko

'문법 검사기'가 한국어 텍스트의 문법 및 표현 오류를 감지하고, "운것 → 운 것", "타… → 기", "리없 → 리 없"과 같이 적절한 수정 제안을 제공합니다. 이를 통해 사용자는 자신의 한국어 글쓰기 역시 손쉽게 다듬을 수 있습니다.

다음으로 국문 자기소개서를 영문으로 번역했거나, 레쥬메닷아이오로 초안을 작성한 뒤 원어민 수준의 자연스러움을 추가하고 싶을 때에도 유용하게 활용할 수 있습니다. 예를 들어, 레쥬메닷아이오에서 생성된 자기소개서 초안 중 다음과 같은 문장이 있다고 가정해 봅시다.

✦ 실제 사례: 레쥬메닷아이오로 작성된 자기소개서 문장 교정 ✦

ex) "I did a lot of marketing stuff in my last job, and I made the sales go up a lot with social media." 이 문장을 워드바이스 AI 입력창에 붙여 넣습니다.

▷ 교정 모드 선택 및 적용: 상단의 'Modes' 섹션에서 'Standard' 또는 'Intensive' 모드를 선택하여 기본적인 오류 외에 문맥적 자연스러움까지 고려하도록 설정합니다. (자기소개서이므로 비즈니스에 적합한 어조를 선택하는 것이 좋습니다.)

▷ 'Document Type' 드롭다운 메뉴는 기본값인 'General'을 유지하거나, 보다 전문적인 글이라면 'Business'를 선택할 수도 있습니다.

▷ 텍스트 입력 후 '교정하기' 버튼을 클릭합니다.

▷ 수정 제안 확인 및 반영: AI가 제안하는 수정 사항들을 하나씩 확인하고, 본인의 의도에 맞춰 수락하거나 거부할 수 있습니다.

▷ 수정 후: I was responsible for various marketing initiatives in my previous job, which significantly increased sales through social media strategies.

이처럼 훨씬 더 전문적인 표현으로 변경된 것을 확인할 수 있습니다. 자기소개서는 단순히 개인의 경험을 나열하는 것을 넘어, 지원자의 역량과 잠재력을 기업에 효과적으로 어필하는 도구입니다. AI를 활용해 초안을 빠르게 만들고, 워드바이스 AI와 같은 교정 도구로 완성도를 높인다면, 여러분의 자기소개서는 훨씬 더 강력한 경쟁력을 갖게 될 것입니다. 그러나 AI의 제안이 항상 정답은 아니므로, 본인의 의도와 가장 잘 맞는 표현을 선택하며 신중하게 적용하는 것이 중요합니다.

2. AI와 함께하는 면접 준비의 완전한 변화

가. 면접 준비에 도움이 되는 AI 도구

면접을 준비할 때 많은 사람들이 공통적으로 겪는 고민이 있습니다. 면접 스터디에 참여하고 싶어도 시간이 맞지 않거나, 혼자 연습할 경우 객관적인 피드백을 받을 수 없어 답답함을 느끼게 됩니다. "내가 제대로 답변하고 있는 건지, 표정이나 자세는 어떤지 알 수가 없어서 불안해요"라고 말하는 경우도 많습니다. 이런 고민을 해결해 주는 것이 바로 AI 면접 도구입니다. 언제 어디서나 혼자서도 실제 면접관과 대화하는 것처럼 연습할 수 있고, 답변 내용, 시선 처리, 말투, 표정, 자세 등을 AI가 분석해 객관적인 피드백을 제공합니다. 시간과 장소의 제약 없이 원하는 만큼 반복해 연습할 수 있다는 점이 가장 큰 장점입니다.

1) 사람인 AI 모의면접[31]으로 실전 같은 연습하기

사람인에서 제공하는 AI 모의면접은 국내에서 가장 실전적인 면접 연습 도구 중 하나입니다. 사람인 AI 모의면접은 채용공고 URL을 기반으로 맞춤형 질문과 답변 흐름 생성이 가능한 서비스이며, 체험판과 정식판에 따라 제공되는 기능에는 제한이 있을 수 있습니다. 무료 체험하기를 클릭하면 '전형별 면접' 기능을 통해 '직무 면접', '인성 면접', '종합 면접'의 세 가지 유형을 연습할 수 있습니다.

31. m.saramin.co.kr/member/ai-interview

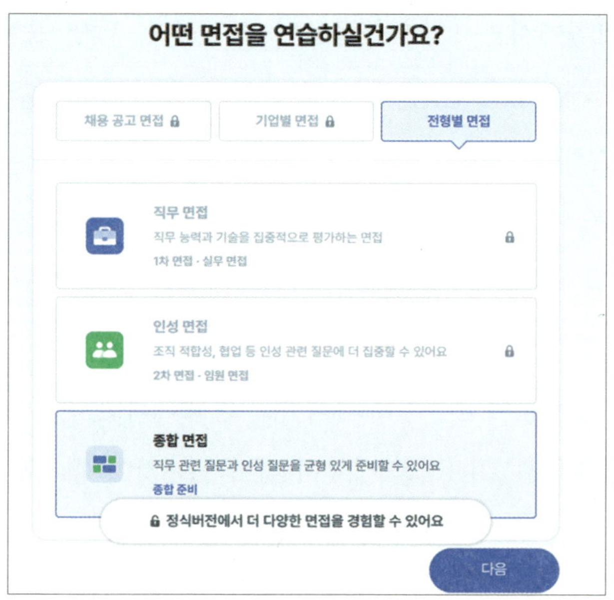

[그림] 전형별 면접 유형 선택 화면

'직무 면접'은 직무 능력과 기술을 집중적으로 평가하며, '인성 면접'은 조직 적합성, 협업 등 인성 관련 질문에 더 집중할 수 있습니다. '종합 면접'은 직무 관련 질문과 인성 질문을 균형 있게 준비할 수 있도록 돕습니다. 체험판에서는 2개의 질문 개수로 제한되지만 정식판에서는 연습면접 5개, 실전면접 11개의 질문으로 구성되어 있습니다.

연습면접에서는 5개의 질문이 주어지며 답변 준비시간에 제한이 없습니다. AI가 실시간으로 답변 가이드를 제공해 주고, 표정과 자세에 대한 행동 코칭도 함께 받을 수 있습니다. 각 질문에 대한 답변이 끝나면 맞춤 피드백을 통해 개선점을 확인할 수 있습니다.

실전면접에서는 11개의 질문이 주어지며, 답변 준비시간이 1분으로 제한됩니다. 실제 면접 환경과 동일한 긴장감 속에서 꼬리 질문까지 경험할 수 있어 면접 당일의 상황을 미리 체험해 볼 수 있습니다. 면접이 끝나면 종합적인 리포트가 생성되며, 강점과 약점, 예상 질문과 예시 답안 등이 포함된 면접 필승 노트를 받을 수 있습니다.

사람인 AI 모의면접을 효과적으로 활용하려면 지원하는 기업의 실제 채용공고 URL을 정확히 입력하는 것이 중요합니다. 그래야 해당 기업의 특성과 직무에 맞는 질문을 받을 수 있습니다. 처음에는 답변 가이드를 적극 활용해서 기본적인 답변 구조를 익히고, 점차 가이드 없이 연습해서 실전 감각을 키워나가는 것이 좋습니다.

2) 인터뷰 웜업[32]으로 글로벌 표준 면접 익히기

구글에서 제공하는 인터뷰 웜업은 해외 취업이나 외국계 기업 면접을 준비하는 학생들에게 매우 유용한 도구입니다. 업계 전문가들이 만든 검증된 질문들로 구성되어 있으며, 실시간 음성 인식을 통해 답변을 영어로 연습할 수 있습니다. 사용자가 마이크로 답변하면 AI가 음성을 텍스트로 변환해 주며, 이를 통해 자신의 발음과 유창성이 얼마나 잘 전달되는지 직접 확인할 수 있습니다.

---

32. grow.google/certificates/interview-warmup/

인터뷰 웜업의 가장 큰 특징은 무료이며, 개인정보를 저장하지 않는다는 점입니다. 구글은 사용자의 답변 데이터를 서버에 저장하지 않으며, 연습 내용은 사용자가 직접 복사하거나 다운로드할 수 있습니다. 따라서 부담 없이 반복해서 연습할 수 있습니다.

사용 방법도 매우 간단합니다. 먼저 'Get started now'를 클릭한 후 연습하고 싶은 직무를 선택합니다. Data Analytics, Digital Marketing and E-Commerce, IT Support 등 구글 자격증과 연계된 6개 직무와 모든 직무에 공통으로 적용할 수 있는 'General' 카테고리가 있습니다. 직무를 선택하면 해당 분야에 특화된 질문들이 제시됩니다. 음성으로 답변을 해야 하므로 마이크 사용 권한 메시지가 뜨면 '사이트에 있는 동안 허용'을 클릭합니다.

질문이 나오면 음성으로 답변하면 되고, AI가 실시간으로 음성을 텍스트로 변환해 줍니다. 질문의 유형은 'Background questions, Situational questions, Technical questions'가 있으며 매번 연습할 때마다 5개의 질문이 무작위로 선택되어 제시됩니다. 같은 직무를 여러 번 연습해도 매번 다른 질문을 받을 수 있어, 실제 면접처럼 다양한 상황을 준비하는 데 도움이 됩니다. 답변이 끝나면 사용한 직무 관련 용어, 자주 사용한 단어, 답변의 주요 포인트 등을 분석해 인사이트를 제공해 줍니다.

✦ 실제 사례: General 카테고리로 인터뷰 연습 ✦

▷ General 선택

▷ Answer 5 interview questions → Start 클릭

▷ What are you looking for in your next job? 이라는 질문 창과 함께 음성으로 질문 제시 → Answer 버튼 눌러서 답변하기

▷ 나의 응답이 바로 텍스트로 나옴 → 화면을 보고 내가 말한대로 텍스트로 나오지 않았거나 답변이 마음에 들지 않으면 'Redo' 버튼을 눌러서 다시 녹음 가능

▷ 다음 버튼을 누르면 아래 그림에서 보는 것처럼 'Please tell me about some of your strengths and weaknesses'. 질문 제시됨.

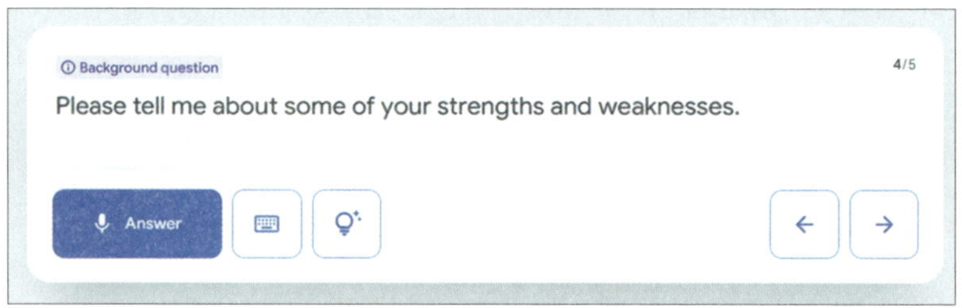

[그림] 인터뷰 웜업의 질문 예시

▷ 최종 화면: 각 질문에 대한 나의 모든 답변이 제시되며, 'Job-related terms', 'Most-used words', 'Talking points' 버튼을 클릭하면 AI가 답변의 직무 용어, 반복 단어, 핵심 내용을 분석해 인사이트를 제공해 줌.

이처럼 인터뷰 웜업은 특히 영어 면접 준비에 효과적입니다. 한국 학생들이 영어 면접에서 어려워하는 자연스러운 발음과 유창한 표현을, 반복 연습을 통해 직접 점검하고 개선할 수 있습니다. 또한 시간 제한이나 정량적 평가가 없어서 스트레스 없이 연습할 수 있다는 것도 큰 장점입니다.

3) 잡다[33]로 기업별 맞춤 면접 완벽 대비하기

잡다는 다양한 기업의 실제 면접 사례와 예상 질문을 기반으로 구성된 면접 준비 플랫폼입니다. 지원하고자 하는 특정 기업의 면접 스타일과 자주 나오는 질문들을 미리 파악하고 준비할 수 있어 매우 실용적입니다. 회원가입 후 제휴 서비스를 신청하면 기출 면접 연습 기능을 이용할 수 있으며, 메인 화면 상단의 '취업 콘텐츠' 메뉴에서 '기출 면접 연습'을 선택하면 됩니다.

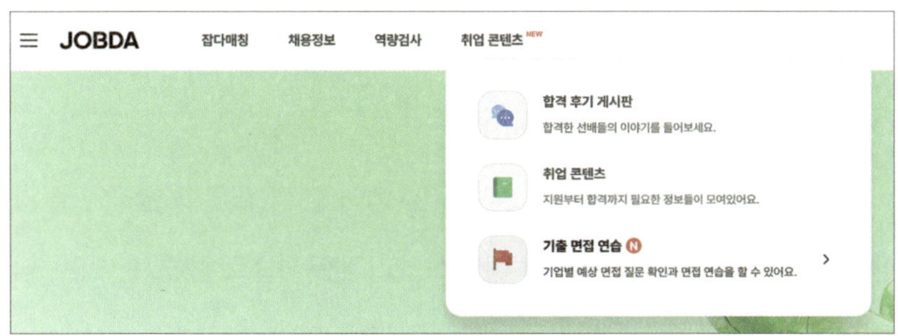

[그림] 잡다의 기출 면접 연습 메뉴 화면

33. jobda.im

잡다의 가장 큰 장점은 기업별로 실제 면접에서 자주 출제된 질문을 바탕으로 한 예상 질문 리스트를 확인할 수 있다는 점입니다. 지원 기업을 선택하면 해당 기업의 면접 질문 유형을 중심으로 연습할 수 있어, 기업별 면접 특징과 평가 방향을 미리 파악하는 데 도움이 됩니다. 또한 빈출 질문이나 본인이 직접 만든 질문을 선택해 맞춤형 면접 연습이 가능하며, 이후 연습 단계에서는 질문 순서를 자유롭게 조정해 다양한 면접 시나리오에 대비할 수 있습니다. 각 질문에 대해서는 후속 화면에서 답변 방향과 유사 질문이 함께 제공되어, 답변 구성 능력과 응용력을 체계적으로 기를 수 있습니다.

4) 챗지피티 음성 모드로 영어 면접 완벽 대비하기

챗지피티의 음성 모드를 활용하면 실제 면접과 흡사한 환경에서 효과적으로 영어 면접을 연습할 수 있습니다. 다음은 단계별 가이드입니다.

▷ 1단계: 기본 질문 및 답변 준비

먼저 마케팅 직무에 적합한 일반적인 영어 면접 질문과 한국인 졸업생이 글로벌 기업에 지원할 때 자연스럽고 전문적으로 들릴 수 있는 샘플 답변을 요청하여 기본적인 답변을 준비합니다.

 **예시 프롬프트**

Please provide 10 common English interview questions for a marketing position and sample answers suitable for a Korean graduate applying to a global company. Make the answers sound natural and professional.

챗지피티가 제공하는 답변을 참고하여 본인만의 답변을 작성하고, 소리 내어 발음해 보면서 연습합니다. 이 과정에서 어색한 표현이나 발음이 어려운 부분을 발견하면 언제든지 챗지피티에게 도움을 요청하세요.

 **예시 프롬프트**

Please suggest more natural expressions for this sentence: [어색한 문장].

▷ **2단계: 상황별 질문 및 피드백 받기**

챗지피티를 활용하여 다양한 상황에 대한 면접 연습을 할 수 있습니다. 특히, 글로벌 컨설팅 펌과 같이 특정 기업이나 직무에 맞춰 행동 역량 질문을 받고 답변 구조에 대한 피드백을 요청할 수 있습니다.

예시 프롬프트

I'm preparing for an English interview at a global consulting firm. Please ask me challenging behavioral questions and provide feedback on my answer structure.

▷ **3단계: 음성 모드로 실전 면접 연습**

가장 효과적인 방법은 챗지피티의 음성 모드를 활용하여 실제 면접처럼 연습하는 것입니다. AI에게 면접관 역할을 부여하고 음성 명령 기능을 켜서 대화를 나누어 보세요.

대화하면서 면접관의 '페르소나'를 바꿔가며 예상치 못한 질문에 대한 순발력과 실제 상황에서의 침착함을 기를 수 있습니다. 이 방법을 통해 더욱 자신감 있게 영어 면접에 임할 수 있을 것입니다.

3. 4주 완성 영어 면접 마스터 플랜

영어 면접 준비, 이제 AI 도구들을 활용한 체계적인 4주 계획을 따라가며, 자신감 있는 면접 준비를 완성해 보세요!

☑ **1주차: 기본 질문 마스터 – 챗지피티와 인터뷰 웜업 활용**

- **목표:** 영어 면접에서 가장 자주 나오는 기본 질문 유형을 익히고, 자연스러운 영어 표현으로 말하는 연습 시작하기.
- **챗지피티:** "Please give me 10 common English interview

questions for entry-level marketing positions and sample answers"와 같은 프롬프트를 활용해 기본 질문 수집

- **인터뷰 웜업:** General 또는 원하는 직무 선택 후 실제 질문에 음성으로 답변 → 발음, 유창성 점검
- **주요 질문 예시:**

  Tell me about yourself.

  Why do you want to work here?

  What are your strengths and weaknesses?

  Where do you see yourself in 5 years?

지니 한마디:

"주인님, 챗지피티로 받은 샘플 답변을 바탕으로 자신만의 경험을 녹여 다시 써보고, 웜업에서 실제 발화하며 훈련해보세요!"

☑ 2주차: 직무별 전문 질문 대응 – 잡다와 인터뷰 웜업 병행

- **목표:** 지원 직무에 맞는 면접 질문 유형에 익숙해지고, 업계 관련 어휘를 자연스럽게 구사하는 능력을 기르기.
- **잡다:** 면접 질문 선택 메뉴를 통해 희망 기업 또는 직무와 관련된 기출·빈출·역량 기반 질문을 확인, 질문 유형별로 반복 연습 가능.
- **인터뷰 웜업:** Data Analytics, UX Design, Project Management

등 직무별 영어 질문을 활용해 실제 발화 연습 진행.

- **훈련 방법**: 잡다에서 면접 질문을 수집한 뒤, 챗지피티에 "Please rephrase this question in English"와 같은 프롬프트를 활용해 영어 질문으로 변환하고, 인터뷰 웜업에서 유사 질문에 대해 직접 말해보는 방식으로 진행.

지니 한마디:

"주인님, STAR 기법(Situation–Task–Action–Result)을 활용하여 전문적인 답변 구조로 훈련하세요."

☑ 3주차: 실전 시뮬레이션

– 사람인 AI 모의면접 + 챗지피티 심화 활용

- **목표**: 실전 상황처럼 연습하여 긴장감 속에서도 자연스럽게 답변하는 능력 키우기

- **사람인 AI 모의면접**: 연습면접→실전면접→종합 리포트 받기

- **챗지피티**: 실전 모드로 질문→STAR 구조로 답변 작성→피드백 요청

- **훈련 방법**: 채용공고 URL 입력 후 실전모드 실행(사람인)→음성과 화면 분석 피드백 받기→표정/자세 점검→챗지피티에 "Give me a tougher version of this question and help me improve the structure of my answer" 요청

"주인님, 사람인 면접 리포트에 제시된 약점 키워드를 별도로 정리하고, 챗지피티에 개선 요청하면 훨씬 효과적입니다."

☑ **4주차: 종합 정리 및 자신감 강화 – 전체 도구 종합 사용**

- **목표**: 전 질문 카테고리에 대해 유연하게 대응하며, 실제 면접처럼 훈련

- **잡다**: 다양한 질문 시나리오 생성 → 커스터마이징 연습

- **인터뷰 웜업**: 마지막 점검용 발화 훈련

- **사람인 AI 모의면접**: 실전모드 최종 점검

- **챗지피티**: 예상치 못한 질문 대응 훈련

- **훈련 구성**: 하루는 한국어 기반의 실전 대비 (사람인, 잡다) → 하루는 영어 면접 대비 훈련 (인터뷰 웜업, 챗지피티) → 자신이 가장 약한 부분 중심으로 반복 훈련

"주인님, 면접 전 날에는 새로운 연습보다 지금까지 준비한 내용을 정리하며 자신감을 쌓는 게 더 중요합니다."

면접은 단순히 외워서 답하는 것이 아니라 '나를 표현하는 기술'입니다. AI 도구는 그 기술을 효과적으로 갈고닦을 수 있는

강력한 도우미입니다. 이 4주간의 플랜을 꾸준히 실천하면, 자연스럽고 설득력 있는 영어 면접 답변을 자신 있게 말할 수 있게 될 것입니다.

직접 과제를 해결해볼까?

이 글에서 배운 AI 도구들을 활용하여 여러분만의 자기소개서와 면접 준비를 시작해 볼 시간입니다! 다음 과제들을 수행하며 AI의 강력한 도움을 직접 경험해 보세요.

☑ **AI 자기소개서 초안 작성:**
- 뤼튼을 활용하여 본인이 지원하고 싶은 기업과 직무에 맞춰 자기소개서 초안을 작성해 보세요.
- 초안이 완성되면, AI가 생성한 내용을 바탕으로 자신의 구체적인 경험과 역량, 성과 (수치 포함)를 추가하여 개인화를 진행해 보세요. 최소 200자 이상 수정 및 보완하는 것을 목표로 합니다.

☑ **STAR 기법으로 경험 재구성:**
- 자신이 가진 핵심 경험 중 하나를 선택하고, 챗지피티에게 해당 경험을 'STAR 기법(Situation, Task, Action, Result)'에 맞춰 정리해달라고 요청해 보세요.
- 생성된 내용을 바탕으로 더욱 설득력 있는 답변을 위한 문장으로 다듬어 보세요.

☑ **AI 모의 면접 실습:**
- 사람인 AI 모의면접 또는 인터뷰 웜업 중 하나를 선택하여 실제 면접처럼 연습해 보세요.
- 연습 후 AI가 제공하는 피드백을 꼼꼼히 확인하고, 다음 연습 시 개선할 점을 파악해 보세요.

03 AI를 두 번째 두뇌로 활용하기

"아이디어는 넘치는데, 대체 어디서부터 시작해야 할지 막막합니다."

"개발자나 디자이너가 없으면 아무것도 할 수 없는 것 아닐까요?"

Intro: 과거에는 아이디어를 현실로 만들기 위해 거대한 자본과 전문 인력이 필요했습니다. 하지만 이제는 '솔로프리너[34]의 시대'입니다. AI라는 강력한 조수가 개발, 디자인, 마케팅까지 해결해주기에, 아이디어 하나만 있는 개인도 거대 기업과 경쟁할 수 있게 된 것이죠.

이번 장에서는 코딩이나 디자인 지식 없이도, 오직 '상상력'과 'AI'만으로 아이디어를 실제 서비스로 구현하는 놀라운 여정을 떠나보겠습니다.

1. 반복작업을 처리하는 챗봇 만들기

오픈에이아이(OpenAI)의 유사한 기능인 지피티스(GPTs)는 유료

---

34. Solopreneur, 1인 기업가

구독이 필요하지만, 구글의 제미나이에서는 젬스(Gems)라는 기능을 무료버전부터 사용할 수 있습니다.

젬스에서 새로운 젬(Gem)을 만들면 여러 가지 작업을 자동화할 수 있습니다. 예를 들어 교수님의 강의안이나 강의녹음 파일을 올리면 핵심내용 3가지를 자동으로 정리하게 할 수 있습니다.

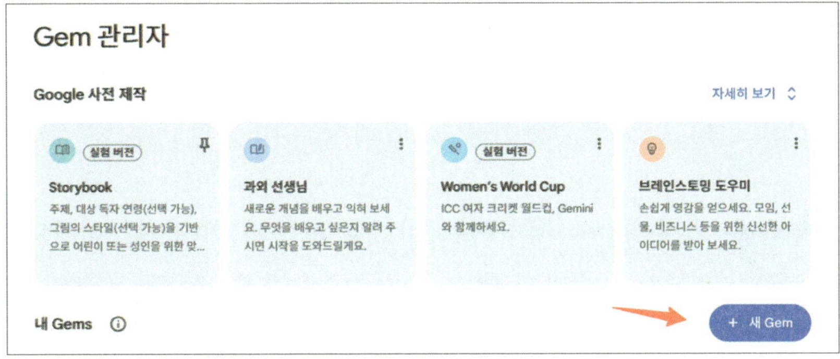

새 Gem을 만듭니다.

명령에는 "강의안 파일이나 강의녹음 파일을 요약해서 강의의 핵심 내용 3가지를 목록화하고, 각 내용에서 중요한 것들에 대한 것들을 짧게 메모해줘" 정도만 해도 충분합니다. 젬에 입력가능한 것은 제미나이와 마찬가지로 멀티모달이기 때문에 다양한 파일을 시도해 볼 수 있습니다. 특히 인공지능 중에서 2025년 12월 기준 유일하게 한글(HWP) 파일을 처리할 수 있어요.

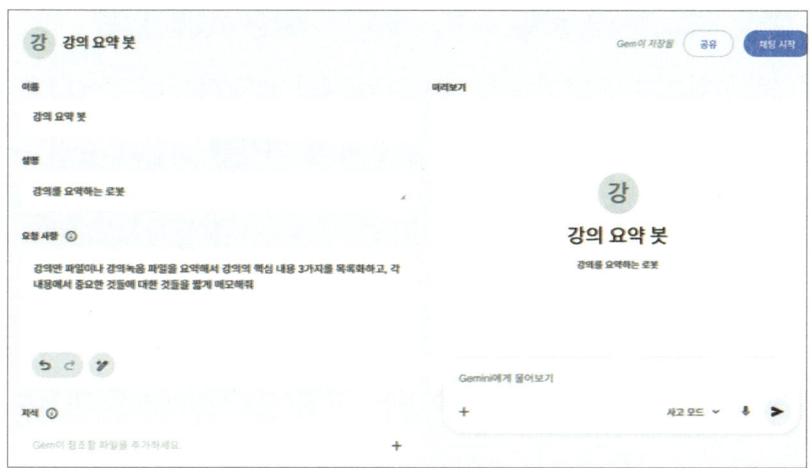

간단하게 반복 작업을 시킬 수 있는 젬 설정

명령어를 매번 입력하는게 아니라 파일 하나만 주면 바로 결과가 나오는 젬

모든 위대한 프로젝트는 엉켜있는 생각을 정리하는 것에서 시작합니다. 제미나이 등 인공지능과 함께 '대학생 시간표 관리 프로그램'을 기획해 봅시다.

가. 실전: '타임메이트' 기획하기

제미나이에게 프로그램의 이름과 함께 여러 이야기를 적어서 물어보세요. 다음처럼 명령을 내려 봤습니다.

> **✎ 예시 프롬프트**
>
> 다음과 같은 프로그램을 만들고 싶어. 이를 위해 필요한 필수기능들을 정리해서 AI Studio에게 내릴 명령 프롬프트를 만들어줘. 디자인은 좀 깔끔했으면 좋겠어.
>
> 타임메이트라는 시간관리 프로그램을 만들고 싶어. 사용자는 시간 관리를 잘하고 싶은 대학생이야. 사용자는 강의시간표 일부를 캡쳐해서 그림 상태로 Ctrl-V로 붙여 넣거나 업로드를 할 수 있어야 해. 그리고 꼭 해야 하는 일들, 예를 들어 '월수금 저녁 6-10시 편의점 알바' 등 할 일을 입력하고 '시간표 생성' 버튼을 누르면, 표 형태로 시간표가 표시되어야 해. 보통 한 학기 시간표니까, 기간 동안에 반복일정도 설정이 가능해야 해. 마지막으로, 생성된 시간표 하단에 'Google 캘린더에 추가' 버튼을 만들어줘.

제미나이의 대답 예입니다. 우측 상단의 복사 아이콘을 누른 뒤 에이아이 스튜디오(AI Studio)[35]로 이동합니다.

---

35. aistudio.google.com

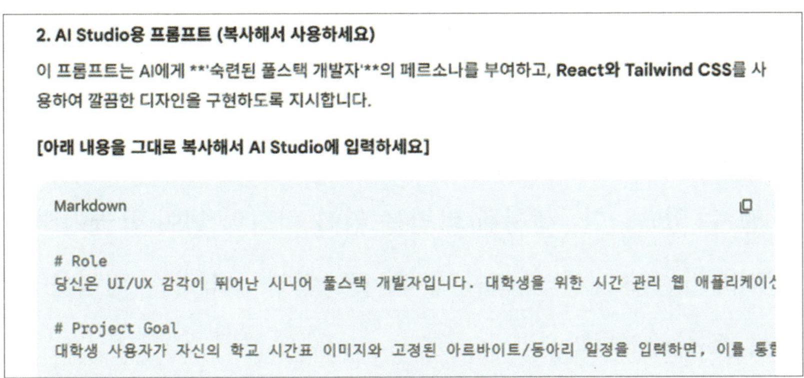

에이아이스튜디오의 인터페이스는 1년에도 몇 번씩 바뀝니다. 이 점을 감안하고 Build 메뉴에 들어가서 만들고 싶은 앱의 프롬프트를 Ctrl-V로 붙여 넣어 보세요.

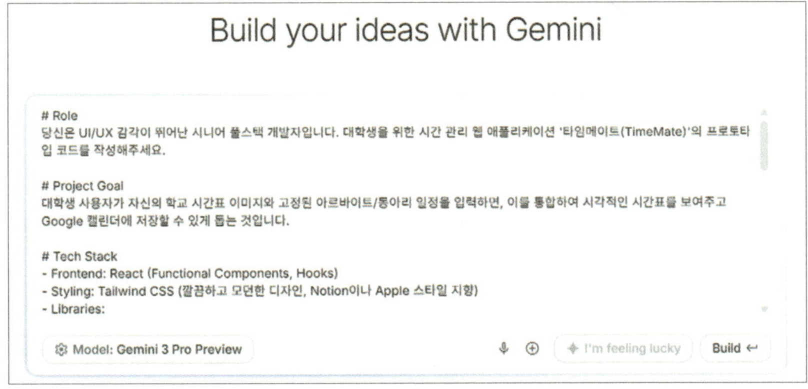

에이아이 스튜디오의 Build의 채팅창에 붙여넣은 예. 가려진 내용이 더 있음.

단 몇 분 만에 완성된 앱입니다. 만들어진 앱은 주소 그대로 즐겨찾기 해 놓고 사용하면 됩니다. 또한 왼쪽의 대화창에서 채팅을 통해서 원하는 기능을 넣거나 교체, 혹은 필요 없는 기능을 뺄 수 있습니다. 캡처된 화면은 영어 버전의 앱이 만들어져서 "인터페이스와 모든 대화를 한국어로 번역해줘"라는 명령을 추가로 준 상태입니다.

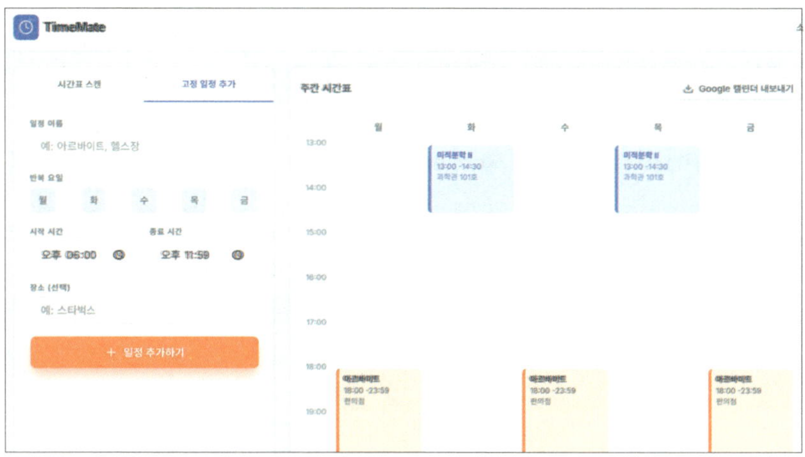

AI 스튜디오에서 만든 타임메이트 앱

이처럼 구체적인 요구사항을 입력하면, 인공지능이 프론트엔드와 백엔드 코드를 포함한 기본적인 프로토타입을 생성해 줍니다. 어쩌면 꽤 쓸만한 앱이 바로 개발되기도 합니다. 이를 통해 개발 초기 단계에서 아이디어를 빠르게 시각화하고 사용자 피드백을 받는 것이 가능합니다.

지금까지 살펴본 도구 외에도, 프로젝트의 완성도를 높여줄 다양한 AI 서비스가 있습니다.

- 제미나이, 챗지피티: 단순한 질의응답을 넘어, 마인드맵 이미지를 기반으로 사업 계획서 초안을 작성하거나, 경쟁사 앱의 스크린샷을 분석하여 개선 아이디어를 제안 받는 등 고차원적인 분석과 창작이 가능합니다.

- 캔바 에이아이(Canva AI[36]): 디자인뿐만 아니라, 간단한 에듀테크 앱들을 만들어 볼 수 있습니다. 타이머부터 간단한 DB 기능까지 가능하니, 다양하게 시도해 보세요.

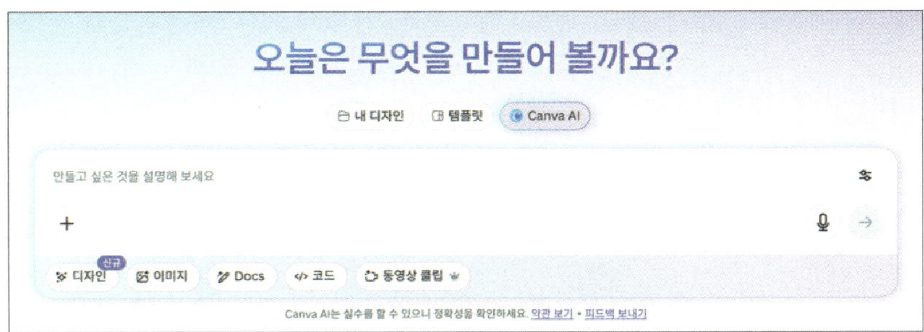

디자인, 이미지, 문서, 코드, 영상 클립까지 만들 수 있는 캔바

---

36. www.canva.com/ai/code

과거에는 상상에만 머물렀던 일들이 AI와 함께 누구나 도전할 수 있는 현실이 되었습니다. 아이디어를 기획하고, 구체화할 조수를 만들며, 시제품을 제작하고, 세상에 알릴 콘텐츠를 만드는 전 과정에 인공지능이 든든한 파트너가 됩니다.

더 이상 기술의 장벽 앞에서 망설일 필요가 없습니다. 중요한 것은 '무엇을 만들고 싶은가'에 대한 여러분의 열정과 상상력입니다. 이제 여러분의 아이디어를 꺼내 인공지능과 함께 새로운 가치를 창조해 보시기 바랍니다.

시간과 돈, AI와 함께 루틴 관리

바쁜 일상에 쫓겨 뭔가 놓치고 있는 기분이라고요? 그래서 준비했답니다!

Intro: 바쁘게 사는 것 같은데 남는 게 없을 때

새벽 2시까지 과제 하다가 아침 9시 수업은 또 지각하고, 한 달 커피값이 어느새 10만 원을 넘고, 헬스장 운동화는 신발장 구석에서 먼지만 쌓이고 있나요?

매일 바쁘기만 하고 아무것도 제대로 안 되는 것 같다면, 통장이 텅 비어버리는 경험이 익숙하다면, 작은 루틴부터 바로잡아볼까요? 시간도 돈도 내 편으로 만들어 보세요.

이 모든 문제를 도와줄 도구, 바로 여러분의 '휴대폰 속 AI 도구'입니다.

- 시간관리 : AI 활용 할 일 쪼개기 – 구글 태스크 및 캘린더에 업데이트
- 돈관리 : 월간 지출 내역 다운로드 – 항목별 소비 패턴 분석 및 개선 아이디어 요청

과제, 알바, 자격증 준비, 개인 프로젝트 등으로 머릿속이 복잡할 때가 있나요? 이런 상황에 GTD(Getting Things Done)가 문제의 해답이 될 수 있어요.

GTD는 세계적인 생산성 전문가인 데이비드 앨런의 할 일 정리 방법론입니다. 핵심 원칙은 머릿속에 있는 모든 것을 밖으로 꺼내서 체계적으로 정리하는 것이에요. 다음 날 꼭 가져가야 하는 물건을 잊지 않기 위해 문 앞에 두고 자는 것과 같은 원리입니다.

이처럼 머릿속의 생각을 외부로 꺼내 구조화하는 것이 GTD의 핵심입니다. 다음은 GTD의 다섯 단계입니다. 이것을 이해하면, 어떤 일이든 "당장 뭘 해야 할지" 명확해집니다.

단계	핵심 질문	주요 행동
수집(capture)	지금 머릿속에 있는 걸 다 꺼냈는가?	수집함에 모두 기록
명확화(clarify)	실행 가능한가? 다음 행동은 무엇인가?	실행 여부 판단, 구체화 또는 보류
정리(organize)	어디에 정리할까?	프로젝트별, 날짜별로 정리
검토(reflect)	지금 내 시스템은 최신인가?	주간 점검 및 업데이트
실행(engage)	지금 무엇을 할 수 있는가?	에너지, 우선순위 등 고려, 작업 선택

이렇게 계획을 실행으로 연결할 수 있는 GTD 원칙을 실제 일정 관리에 적용해 볼까요?

가. 구글 태스크[37]를 활용한 일정 관리

1) 구글 태스크는 할 일을 항목별로 정리할 수 있는 간단한 앱입니다. 구글 캘린더 및 지메일과 연동되기 때문에 일정 관리가 쉬워집니다. PC 기준, 구글 캘린더의 오른쪽 사이드바에서 해당 아이콘을 클릭해 보세요. 모바일에서는 오른쪽 + 버튼을 클릭하면 됩니다.

〈지메일–구글 태스크 연동〉

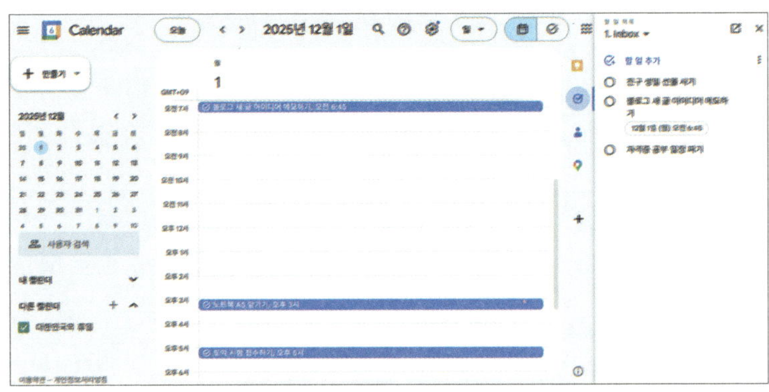

〈구글 캘린더–구글 태스크 연동〉

2) 먼저, 구글 태스크에서 '새로운 목록'을 생성해 둡니다. 떠오르는 일들을 모두 적어넣는 목록(Inbox)을 먼저 만들고, 명확화를 거쳐 보류할 항목을 담는 목록(Someday)을 만들어

---

37. tasks.google.com

보세요. 명확화 및 정리 단계를 통해 Inbox 목록을 비우고,
날짜별 또는 프로젝트별로 할 일을 배치합니다.

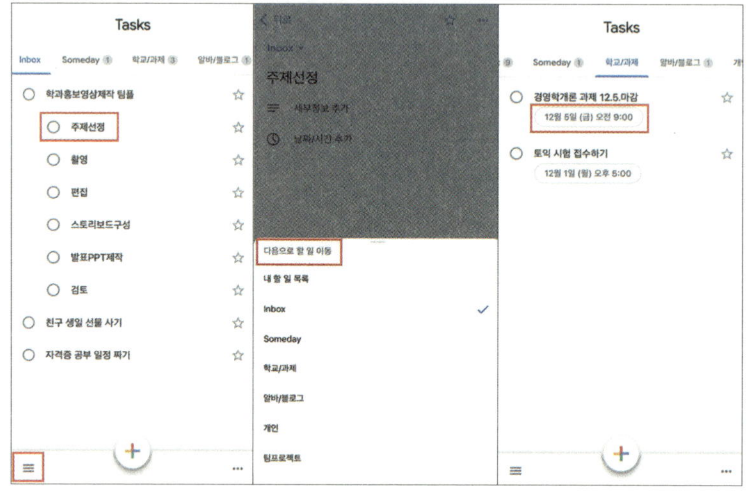

〈구글 태스크 모바일 앱〉

나. 제미나이(gemini)[38]와 구글 워크스페이스 활용한 일정 관리

1) 시간이 소요되거나 팀원들과 함께하는 프로젝트는 일정 관리가 더욱 중요합니다. 먼저, 제미나이에서 프로젝트 일정을 간트 차트로 생성해 보세요. 결과물은 구글 시트로 내보내기 할 수 있고, 구글 태스크 및 캘린더로 연동할 수도 있습니다.

---

38. gemini.google.com

지니 한마디:

"간트차트는 프로젝트의 전체 일정을 한눈에 파악할 수 있는 막대그래프예요.
이 차트를 활용하면 어떤 일을 언제 시작해서 언제 끝나는지, 무슨 일이 먼저고 나중인지 쉽게 파악할 수 있어요. 프로젝트 계획 단계에서 활용해 보세요."

 **예시 프롬프트**

다음 정보를 바탕으로 팀 프로젝트 간트 차트 초안을 표 형식으로 만들어줘.

- 프로젝트명: 학과 홍보 영상 제작
- 총 기간: 2025년 10월 6일 ~ 2025년 11월 7일
- 팀원: 김지니, 박구름, 이별빛
- 포함되어야 할 주요 작업 단계:
  - 프로젝트 주제 선정 및 개요 확정
  - 자료 조사 (선행 연구, 실제 활용 사례)
  - 영상 초안 작성 (서론, 본론 1~3, 결론)
  - 영상 제작 (스토리보드 구성, 편집)
  - 최종 검토 및 수정

표에는 '작업명', '담당자', '시작일', '마감일', '예상 소요 일수', '선행 작업' 항목을 포함해줘.

날짜는 2025-XX-XX 형식으로, 시작일은 2025년 10월 6일부터 순차적으로 진행되도록 설정해줘.

예시 프롬프트

김지니의 할 일을 추출해서 나의 구글 태스크와 구글 캘린더에 업데이트해줘.

요즘 대부분의 금융 업무는 스마트폰으로 처리하는 경우가 많습니다. 용돈, 생활비 관리도 예외는 아니죠. 그래서인지 대학생들 사이에서도 소비 기록과 예산 관리를 도와주는 앱이 다양하게 쓰이고 있습니다.

특히, 최근에는 단순한 입출금 내역 조회를 넘어, AI가 내 소비 습관을 분석해주는 기능이 제공됩니다. "이번 달 식비가 지난달보다 30% 증가했어요."와 같은 피드백 메시지는 어떻게 제공되는 걸까요?

AI 소비 분석은 다음 세 가지 기술에 기반하여 작동합니다.

- **자동 분류:** 수천만 건의 소비 데이터를 학습한 알고리즘이 지출 내역을 식비, 교통, 쇼핑 등 항목으로 자동 분류합니다.
- **데이터 분석:** 사용자의 시간대별, 요일별, 주기별 소비 흐름을 분석해서 과소비 또는 특이한 소비 패턴을 감지합니다.
- **개인화 메시지 생성:** 사용자에게 딱 맞는 맞춤형 메시지를 자연어로 생성하여 피드백을 제공합니다.

AI 기반 소비 분석 기능은 스스로 재무 상태를 파악하고 개선 방향을 잡는 데 큰 도움을 줍니다. 이제는 앱에서 제공해주는 정보를 보는 데서 그치지 않고, 직접 나의 소비 패턴을 분석하고, 예산을 계획하고, 지출 목표에 맞는 소비 전략을 설계해 보겠습니다.

가. 예산에 맞춘 소비 전략 수립

1) AI에게 예산을 주고 장보기 목록을 요청해보려고 합니다. 하지만 아무런 제약사항 없이 장보기 목록을 요청해보면, 간혹 가격 정보 등에서 잘못된 정보가 나오기도 하죠. 정보의 사실 여부를 확인하기 쉽도록 '구매링크' 또는 '출처'를 제시해달라고 요청하세요.

 **예시 프롬프트**

나는 대학생이고, 이번 주 식비 예산은 30,000원이야.
밥은 집에서 먹고, 편의점도 가끔 이용해.
이 예산 안에서 일주일치 식재료 장보기 목록을 알려줘.
11번가 쇼핑몰에서 가격 정보 확인하고 구매링크 같이 달아줘. 식단도 구성해줘.

AI에게 추천받은 식단과 실제 내가 먹는 식단을 비교해 보세요. AI가 놓친 부분은 무엇이고, 예상보다 나은 점은 무엇인가요?

나. 월별 사용내역 분류 및 다음달 지출 계획 수립

1) 은행 웹사이트 등에서 월간 지출 내역 전체를 다운로드할 수 있습니다. 제미나이에 접속하여 파일을 분석하도록 요청하고, 다음 달 예산 계획, 실천을 위한 루틴 설계에 대한 아이디어를 얻어 보세요.

 **예시 프롬프트**

엑셀 파일을 업로드할게. 지난 한 달간의 소비 데이터야.

아래 항목들을 포함해서 파일을 분석하고 표로 정리해줘:

1) 카테고리별 지출 총합

2) 전체 지출에서의 비율(%) 정리

3) 항목별 지출 Top 5

4) 가장 많이 지출한 항목 하나 지정

 **예시 프롬프트**

앞에서 분석한 내용을 바탕으로 소비 습관을 살펴보고 싶어.

1) 생필 소비 vs 욕구 소비 vs 습관 소비로 분류해줘.

2) 지출이 과다하거나 반복되는 항목은 무엇인지 알려줘.

3) 줄일 수 있는 항목 2~3개를 제안해줘. (삶의 질은 유지해야 해)

데이터 기반으로 개선 포인트를 찾을 수 있게 도와줘.

🔍 소비 습관 진단 및 개선 포인트

1. 소비 형태별 지출 분류

소비 분류	지출 총합 (원)	비율 (%)	구성 항목
생필 소비 (Needs)	599,500	62.7%	식비, 교통/차량, 의료/건강, 생필품, 주거/통신
욕구 소비 (Wants)	295,000	30.9%	쇼핑, 문화생활
습관 소비 (Habits)	61,000	6.4%	카페/간식

⊞ Sheets로 내보내기

예시 프롬프트

지금까지의 분석을 기반으로, 다음 달 예산 계획을 표로 정리해줘.

요구사항은 다음과 같아:

– 카테고리별 예산 추천 (과소비 영역 조정 반영)

– 실행 전략(예: 도시락, 커피 대체 등)을 함께 제안

– 표 형태로 정리해줘 (카테고리 | 예산 | 개선 포인트 | 실천 전략)

이번 달보다 더 나은 소비를 위한 전략 중심으로 제안해줘.

📅 다음 달 소비 예산 및 실행 전략 계획 (목표 절감액: 120,000원)

카테고리	이번 달 지출 (원)	다음 달 추천 예산 (원)	개선 포인트	실천 전략
식비	321,500	270,000	**51,500원 절감 목표**. 외식/배달 과다 지출 통제.	주 3회 이상 집밥/도시락 활용. 배달 앱 사용 횟수를 월 4회 이하로 제한.
쇼핑	205,000	120,000	**85,000원 절감 목표**. 가장 큰 욕구 소비 통제.	구매 전 **48시간 숙고** 후 구매 결정. 월별 쇼핑 예산을 초과할 경우, 해당 달에는 추가 구매 금지.
교통/차량	134,000	134,000	생필 소비로 현상 유지.	대중교통 이용 시 환승 할인을 적극 활용.
문화생활	90,000	90,000	삶의 질 유지를 위해 유지.	지출을 유지하여 스트레스를 해소하고 만족도를 높이는 데 활용.
카페/간식	61,000	30,000	**31,000원 절감 목표**. 습관성 소액 지출 통제.	회사/학교에서 **텀블러와 개인 커피** 활용. 외부 커피 구매를 주 1~2회로 제한.

지니 한마디:

"좋은 답변을 얻는 꿀팁 두 가지를 알려드릴게요.

첫째, 내가 가진 정보를 함께 입력하여 질문해 보세요.

둘째, 대답을 받고 바로 끝내지 말고 추가 질문을 활용해 보세요.

기초 통계 분석, 문제점 파악, 개선 방안 수립, 구체화 요청 등을 해볼 수 있겠죠?"

직접 과제를 해결해볼까?

이 글에서 배운 AI 도구들을 활용하여 여러분만의 자기소개서와 면접 준비를 시작해 볼 시간입니다! 다음 과제들을 수행하며 AI의 강력한 도움을 직접 경험해 보세요.

☑ **아래 중 하나를 골라 AI와 함께 시간과 돈을 관리해 봅시다.**
- 이번 주 루틴, 왜 이렇게 바빴을까? 루틴 속 낭비 시간과 개선 제안 비교 분석
- 해야 할 일을 모두 쏟아내어 GTD 방식으로 정리하기
- "이번 주 예산은 5만 원!" 장보기 챌린지 – 실제 구매 목록과 비교하기

☑ **활동 예시**
- **1단계: 한 주 활동 기록**

  한 주의 활동과 활동 당시의 감정 상태나 방해 요소를 간략히 기록합니다.

- **2단계: 활동 기록 분석**

  기록한 자료를 복사–붙여넣기, 또는 파일 업로드를 한 후 다음과 같이 질문합니다.

  "이 내용은 지난주 나의 시간 사용 데이터야. 이 데이터를 바탕으로 다음 질문에 답변하고 분석 결과를 요약해줘."

  "가장 많은 시간이 소요된 활동 5가지와 그 비중은?"

  "나의 루틴에서 낭비 시간으로 의심되는 부분을 구체적으로 지목하고, 그 근거를 설명해줘."

- **3단계: 개선 제안**

  "분석 결과를 바탕으로, 나의 주간 루틴을 최적화할 수 있는 구체적인 방법을 5가지 제안해줘."

  "나의 목표(예: 주 3회 운동)를 달성하기 위한 맞춤형 주간 계획 초안을 작성해줘."

AI 시대, 꼭 체크해야 할 것들

'어떤 플랫폼으로 검색하지?' '답변을 믿을 수 있을까?'
항상 드는 의문, 정답이 있을까요?

Intro: 각각 무엇이 다르며, 어디까지 믿어야 할까?

"이 AI 플랫폼들의 답변에는 무슨 차이가 있지?"

"AI가 알려준 정보, 진짜 맞는 걸까?"

과제를 할 때마다 드는 의문입니다. 이제는 누구나 챗지피티에 질문을 던져 보고, 제미나이에 발표용 요약문을 요청하고, 클로드에 업로드한 문서의 비평을 요청하며, 퍼플렉시티에서 정보를 검색해 볼 수 있습니다. 그러나 유사한 기능을 지원하는 플랫폼 중에서 어떤 것이 나의 작업에 적합한지, 각 플랫폼의 답변 흐름에는 무엇의 차이가 있는지, 무엇보다 AI가 준 답이 진실일지에 대한 고민은 자주 우리를 찾아옵니다.

AI를 잘 활용하는 사람은 플랫폼을 잘 '선택'하는 사람이면서, 동시에 답변을 잘 '검토'할 줄 아는 사람입니다. 이번 장에서는 이 두 가지의 솔루션을 함께 찾아내 볼까요?

· 플랫폼 비교: 프롬프팅 실습하기 – 나만의 프롬프트 틀 만들기(선택) – 유사 기능을 제공하는 AI 플랫폼에 같은 질문 요청하기 – 응답 내용 비교하기 – 원하는 플랫폼 선택하여 활용하기(선택)
· 정보 신뢰도 분석: 팩트체크 툴 활용하기 – 답변 신뢰도 점검 체크리스트 만들기

1. 같은 질문, 다른 시선: AI 플랫폼 4종의 정보 흐름 비교

누구에게 질문하느냐에 따라 답의 깊이와 방향이 달라집니다. 같은 질문을 던져도 AI마다 핵심 정보를 판단하는 관점과 출처 제공 여부 등 답변 구성 방식이 다르기 때문에, 비교를 통해 각 플랫폼의 강점과 한계를 파악하는 연습이 필요해요.

가. 챗지피티, 제미나이, 클로드, 퍼플렉시티

– 종합검색형 AI 플랫폼

1) 챗지피티는 맥락 기반의 서술형 정보 응답에 특화된 플랫폼입니다. 지식 나열과 요약을 넘어, 질문의 의도를 파악하고 맥락을 고려하여 체계적으로 정리된 서술형 응답을 생성하는 데 강점을 보입니다. 사용자가 세부 및 확장 질문을 이어서 할 경우 이전 문맥을 반영하여 논리적으로 확장된 답변을 제공하는 특징을 찾아볼 수 있어요.

2) 제미나이는 웹 기반 정보 탐색 기능과 요약형 응답에 강점을 가진 플랫폼입니다. 구글 검색 엔진과 연동되어 최신 정

보에 빠르게 접근할 수 있으며, 응답 하단에 출처 링크를 함께 제공하여 정보의 신뢰도를 높입니다. 특히 질문의 핵심 키워드를 중심으로 정리된 단락형 요약을 잘 생성하며, 사용자의 요청에 따라 관련 주제, 후속 질문, 시각 자료 등을 연계한 실용적인 산출물 구성이 가능해요.

3) 클로드는 질문이 입력된 후 의미 기반 분석 응답에 강한 플랫폼입니다. 문장이 길거나 다층적인 의미가 담긴 질문에 대해, 단순 정보 요약보다는 비평적이고 해석 중심적인 답변을 제공하지요. 이를 통해 사용자는 개념 간의 관계나 철학적 함의를 깊이 이해하기 쉬워집니다.

4) 퍼플렉시티는 답변을 보조하는 탭과 기능을 제공하는 플랫폼입니다. 사용자가 자연어로 질문을 입력하면 여러 웹 소스(예: YouTube, Reddit, 위키피디아 등)를 종합하여 답변을 제공하고, 각 문장의 출처를 제공하여 신뢰도를 높이지요. '검색(Search)' 탭은 관련 기사 요약과 후속 질문 제안 기능을 통해 질문과 답변 및 탐구의 흐름을 확장하며, '포커스(Focus)' 기능은 특정 주제나 출처에 집중한 탐색을 가능하게 합니다.

나. 종합형 AI 플랫폼의 실제 답변 비교

1) 실습 질문:

"에드워드 사이드의 '오리엔탈리즘' 개념은 오늘날 미디어에 어떻게 적용되나요?"

이 질문은 대학 인문사회학 과제에서 자주 등장하는 '사상 해석＋현대와의 연결'이 내포된 질문 유형입니다. 각 AI 플랫폼의 답변을 비교해 볼까요?

2) 답변:

 챗지피티 답변 요약: "에드워드 사이드의 '오리엔탈리즘'은 서구가 동양을 이질적이고 열등한 존재로 규정함으로써 자신들의 우월성을 강조하려는 시도에서 비롯된 개념입니다. 이러한 시각은 오늘날에도 미디어에서 반복됩니다. 예를 들어, 중동 지역을 다룰 때 서구 언론이 주로 전쟁, 테러, 폭력 등의 이미지에 집중하는 방식은 오리엔탈리즘의 현대적 재현이라 할 수 있습니다. 이러한 보도 방식은 특정 문화권에 대한 편견을 강화하고, 복잡한 현실을 단순화시키는 위험을 내포합니다."

　▶ 특징:

　　－ 개념 정리 → 적용 사례 → 위험성에 이르는 구조적 설명

　　－ 이론적 비판보다는 실용적 해석 중심

　　－ 응답 내 출처 링크는 명시되지 않음

 제미나이 답변 요약: "오리엔탈리즘은 서양이 동양을 신비롭고 비이성적인 존재로 타자화하고 지배하려는 시각입니다. 오늘날 미디어에서도 이러한 시각은 반복됩니다. 뉴스는 중동과 아시아를 테러와 억압의 공간으로 묘사하고, 영화와 광고는 동

양을 이국적이고 낭만적인 이미지로 소비합니다. 디지털 플랫폼에서는 문화 차이를 과장하거나 희화화하는 방식으로 오리엔탈리즘이 재생산됩니다.”

  ▶ 특징:

    – 개념 정의 → 세부 사례 → 현대적 변형에 이르는 흐름

    – 다양한 미디어(뉴스, 영화, 광고, SNS 등) 유형별 사례 제시

    – 사회 · 문화 현상 중심의 사례 중심 서술 구조

    – 응답 내 출처 링크는 명시되지 않음

✳ **퍼플렉시티 답변 요약:** “Edward Said는 1978년 저서 Orientalism에서 서구가 동양을 열등하게 보는 인식을 비판했습니다. CNN과 BBC 기사에서도 중동을 다룰 때 종종 ‘위협’, ‘갈등’, ‘테러’ 등의 표현을 사용합니다. (BBC: “Middle East tensions rise”, CNN: “Islamist threat grows”) 이러한 표현은 오리엔탈리즘적 시각을 강화할 수 있습니다.”

  ▶ 특징:

    – 실제 뉴스 사례를 포함하는 등 실시간 출처 명시

    – 논문 등을 인용이 이루어지는 경우 인용 명확 표기

    – 개념 설명과 구조적 해석이 비교적 단순함

✺ **클로드 답변 요약:** “사이드가 말한 오리엔탈리즘은 단지 고정관념의 문제를 넘어서, 서구 담론 속에서 ‘동양’을 어떻게 재

현하고 구성하는가에 대한 비판입니다. 오늘날의 미디어는 여전히 아랍권을 '위험'과 '혼란'의 공간으로 구성함으로써 서구의 질서와 개입을 정당화하는 도구로 기능합니다. 이 과정은 단지 사실 왜곡이 아니라, 정치적 지배력을 은폐하는 재현의 권력 구조를 반영합니다."

▶ 특징:

– 이론적 용어(재현, 담론, 권력)를 사용한 비평적 해석

– 기초적인 인문학 지식 및 개념 이해가 있을 시 이해도 상승 가능성

– 응답 내 출처 링크는 명시되지 않음

다. 각 플랫폼 비교 포인트 정리

항목	챗지피티 (GPT-4o)	제미나이 (2.5 Pro)	클로드 (Claude Sonnet 4)	퍼플렉시티
설명 구조	구조적 서술, 전체 구조 흐름형	충실한 설명, 시각 자료와 연계 활용 (Google Slides 연계성)	철학적 비평, 깊이 있는 분석형	간결한 핵심, 출처 요약형
출처 명시	X	△39	X	O
강점	문장 단위 리라이팅, 문맥 확장 후속 질문, 자연스러운 대화 기반 재생성 루틴	실시간 정보 접근, 자료 요약 능력 우수, 구글 생태계 연동	높은 맥락 인식력, 감성적 뉘앙스· 해석 중심 문장 생성 특화	신속한 정보 정리, 문장별 출처로 신뢰도 확보
추천 용도	개념 정리, 서술형, 대화·문맥 반영 응답	실시간 검색 및 요약, 슬라이드 제작	비평형, 토론문, 업로드 문서 분석	자료 조사, 사실 정리

39. 사실 기반의 질문에는 자동으로 출처를 제공하나, 의견 요청 및 창의적 산출물 등의 구체적인 서술형 응답 요청의 경우에는 사용자가 후속 질문으로 유도하여 출처 확인 가능함.

라. 각 플랫폼의 간단 활용 Tip

1) **챗지피티:** 글쓰기 활동 전에 개념을 정리하고 구조화된 문단 구성 연습 시 활용

2) **제미나이:** 실시간 정보 기반 탐색과 구글 연동을 활용한 시각 자료 제작에 효과적

3) **클로드:** 철학·정치·문학 등의 해석 중심 주제에서 비평적 관점 훈련용

4) **퍼플렉시티:** 실시간 뉴스, 팩트 기반 예시, 출처 검토 과제에서 효율적

직접 과제를 해결해볼까?

〈질문 난이도 단계〉
1단계: 개념 질문
→ 2단계: 중급 구조 질문(적용)
→ 3단계: 고급 구조 질문(맥락 · 비판)

☑ **1단계: 개념 · 정의 질문**
- **질문:** "플라스틱이 환경에 어떤 영향을 주나요?"
- **목표:** 기본 개념 이해와 설명의 깊이 비교
- **핵심 포인트:**
  → AI가 핵심 원인과 결과를 정확히 설명하는가?
  → 단순 나열이 아닌 구조적 설명이 이루어지는가?

☑ **2단계: 중급 구조 질문**(적용형 질문)

- **질문**: "플라스틱 문제 해결을 위해 개인이 실천할 수 있는 방법에는 무엇이 있나요?"
- **목표**: 개념의 현실 적용 능력과 구체적 제안 비교
- **핵심 포인트**:
  - → AI가 제시하는 해결책이 구체적이고 실현 가능한가?
  - → 개인적 실천의 맥락(학교, 지역, 나이 등)이 반영되어 있는가?
  - → 단순한 나열이 아니라 문제의 원인과 연결된 행동을 제안하는가?
- **질문 변형 예시**:
  - → "플라스틱을 줄이기 위해 학교에서는 어떤 활동을 할 수 있나요?"
- **정리 과제**:
  - → 각 AI가 '개인 행동'을 다루는 방식에 차이가 있었다면 2~3문장으로 요약해 보세요.

☑ **3단계: 고급 구조 질문**(비판 · 맥락형 질문)

- **질문**: "플라스틱 문제는 결국 '소비문화의 구조적 문제'라고 볼 수 있을까요?"
- **목표**: 사회 · 철학적 맥락을 반영한 통합적 해석력 비교
- **핵심 포인트**:
  - → AI가 문제의 구조적 원인(기업, 산업, 소비 시스템 등)을 지적하는가?
  - → '소비자 책임 vs 생산자 책임' 관점을 균형 있게 제시하는가?
  - → 논점에 대한 회피 없이 가치 판단을 논리적으로 수행하는가?
- **질문 변형 예시**:
  - → "플라스틱 문제는 우리가 소비하는 방식 자체를 바꾸지 않으면 해결되지 않을까요?"
- **정리 과제**:
  - → 각 AI가 문제의 '구조적 원인'과 '개인 책임' 관계를 어떻게 다루었는지 비교해 보세요.

▶ (참고) 정보 탐색용 프롬프트 예시 ◀

"________ 에 대한 정보를 정확하고 출처 기반으로 알려줘. 가능하면 최근 기준의 공식 통계나 권위 있는 기관 자료를 활용해줘. 또한, 사실과 해석을 구분해서 설명하고, 출처(URL, 기관명 등)를 함께 제공해줘. 근거 없는 추측성 답변은 제외하고, 실제로 확인이 가능한 정보만 알려줘."

★★★ 추가 과제: 제시된 프롬프트 예시를 참고하여 나만의 프롬프트 틀을 만들어 보세요! 나의 전공 내용, 내가 필요로 하는 응답의 유형 및 특징을 고려하여, 과목별로 맞춤형 프롬프트를 만들어 보면 프롬프팅 실력 향상은 물론, 만족도와 정확도가 훨씬 높은 응답을 받아볼 수 있어요.

2. 답변을 믿을지 말지: 스스로 점검하는 신뢰도 체크 루틴

AI가 알려준 답변이라고 해서 무조건 믿을 수는 없습니다. 어떤 정보가 사실이고, 어떤 부분이 해석인지 구별하며 출처와 논리를 점검하는 습관이야말로 진정한 AI 리터러시의 시작이자, 똑똑한 AI 사용자가 되기 위한 디딤돌이라고 할 수 있어요.

가. 팩트체크 단계 활용하기

AI가 준 답변이 정말 사실인지 확인하려면 질문 – 응답 단계 이후 팩트체크 단계를 정보 탐색 과정에 포함하여야 해요. 이 단계에서 사용자는 답변의 출처를 확인하거나, 개념 정확도를 확인하는 팩트체크 툴을 활용할 수 있어요. 강의 시간에 학습한 전공 내용의 경우, 일반적으로 논문과 학술 서적을 바탕으로 하고 있으므로 논문 기반 검색 확장 프로그램을 활용할 수도 있답니다.

1) 질문한 AI 플랫폼에 "출처 알려줘"라고 재질문

챗지피티, 제미나이, 클로드, 퍼플렉시티를 포함한 모든 AI 플랫폼은 할루시네이션(환각 현상)의 가능성에서 완전히 자유롭지 않습니다. 따라서 현명한 AI 사용자가 되려면 응답에 오류나 왜곡이 존재 가능함을 인지하고 대비해야 합니다. 가장 간단한 방법은 기존 응답에 출처와 관련한 추가 질문을 던지는 것입니다.

- "지금 알려준 정보 중에서, 내가 직접 검증 가능한 부분은 어디야? 어떤 검색어로 검색하면 돼?"
- "지금 답변은 웹 기반 정보에 근거한 거야, 아니면 AI 내부 지식[40]에 기반한 거야?"
- "이 답변이 공신력 있는 기관(예: 통계청, WHO, 유네스코 등)의 정보와 일치하는지 확인해줘."
- "위 답변 중 실제 확인 가능한 출처가 있는 부분과, 그렇지 않은 AI의 추론을 구분해서 설명해줘."

2) 일반 검색 엔진을 활용한 직접 검증

AI가 제공한 정보나 출처가 실제 존재하는지 확인하려면, 사용자가 직접 일반 검색엔진을 통해 원본 자료를 찾아보는 과정이 필요해요. 예를 들어 AI가 'OO뉴스에 따르면…'이라고 했을 경우, 구글(Google), 네이버(Naver), 다음(Daum) 등의 검색 엔진에 해당 문장의 핵심 키워드나 기사 제목, 날짜 등을 입력해 실제 기사나 문서를 직접 열람해 보는 것이 가장 기본적인 팩트체크 방법입니다. 이때 주의할 점은 다음과 같아요.

---

40. GPT-4는 2023년 4월까지 학습된 데이터 기반으로 답하므로 실시간 정보가 아닐 수 있음.

- 국내 뉴스는 네이버 뉴스와 다음 뉴스, 해외 뉴스는 Google News, BBC, New York Times, Reuters 등에서의 직접 검색이 가장 신뢰도가 높아요.

- 반면 위키백과나 블로그 등은 참고용일 수 있으나, 단독 출처로 삼기에는 신뢰도가 낮을 수 있어요.

- AI가 제시한 출처명, 날짜, 문장 구조가 부정확한 경우가 있으므로 정확히 일치하지 않아도 유사 표현으로 재검색해 보는 것이 좋아요.

3) 구글 스콜라 – 논문 기반 검색으로 개념 정확도 확인

대학교 과제는 논문과 전공 서적을 기반으로 하는 만큼, 신뢰성 높은 출처에서의 더블 체크를 해 보아야 하지요. AI 답변을 받은 후 출처와 인용에 대한 더블체크가 필요할 때, 어떤 검색 엔진을 활용해야 정확한 더블 체크가 이루어질까요? 구글 스콜라를 활용하면 디비피아와 키스, 리스 등 여러 논문검색사이트와 공신력 있는 학술지를 기반으로 한 팩트체크가 가능해요. 웹사이트는 물론이고, 확장 프로그램 형태로도 활용할 수 있어요.

구글 스콜라 – 웹사이트

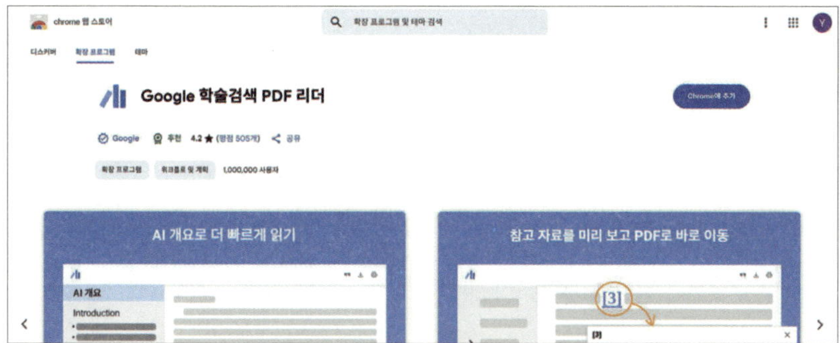

구글 스콜라 – 확장 프로그램

지니 한마디:

"주인님, 플랫폼에서 사용하는 모델의 종류에 따라, 실시간 검색이 아닌 내부 지식 기반의 검색이 이루어질 수 있어요! 선택한 모델이 어느 시점까지의 데이터를 지원하는지 미리 확인해 보세요!"

나. 답변 신뢰도 점검 체크리스트 만들기

AI가 제공한 답변을 무조건 받아들이기보다는, 한 번쯤 스스로 점검해 보는 과정이 꼭 필요해요. 단순히 "그럴듯해 보여서" 넘기기보다는, 어떤 정보가 믿을 만한지를 판단할 기준을 스스로 갖추는 것이 AI 시대의 핵심 역량입니다. 이 단계에서는 AI의 설명을 논리적, 구조적, 출처 부분의 관점에서 검토하며, 스스로 만든 체크리스트를 바탕으로 '이 답이 신뢰할 만한가?'를 진단해 보는 연습을 할 수 있어요.

항목	핵심 내용	점검 포인트
질문에 적절하게 답했는가?	AI의 응답이 질문의 핵심 요구에 정확히 대응하고 있는가?	"언제?", "왜?"를 물었는데 개념만 설명하거나, 사례를 물었는데 정의만 제시되었다면 빗나간 응답일 수 있어요.
논리적 전개가 타당한가?	문장 간 논리적 연결이 부자연스럽거나 비약은 없는가?	앞 문장과 뒷 문장이 원인−결과, 주장−근거의 관계인지, '갑자기 결론'처럼 흐름이 튀지 않는지 살펴보세요.
주관적 해석이 섞여 있는가?	주장이나 판단이 단정적으로 서술되지 않고, 추측성 표현이 반복되는가?	"∼일지도 모른다", "∼라고 볼 수 있다"처럼 애매한 표현이 많다면 해석 중심일 수 있어요.
정보의 출처가 있는가?	출처가 명시되었거나, 실제로 확인 가능한 링크나 자료가 있는가?	"○○연구소에 따르면…", "출처: ○○뉴스"처럼 출처가 직접적으로 언급되어 있는지 확인해 보세요.
최신 정보인가?	현재 시점과 관련 있는 정보인가, 최신성을 갖춘 근거를 제시하고 있는가?	"2020년 기준", "최근 연구에 따르면"처럼 시점을 명시하거나, 최신 뉴스 기사 등과 연결되어 있는지 확인해 보세요.

지니 한마디:

"주인님, 위의 체크리스트는 범용적인 신뢰도 체크 기준이에요!
나의 목표 과제 및 산출물에 맞는 자신만의 체크 기준을 스스로 추가해 적용해 보면 더 정확한 검토를 진행할 수 있을 거예요!"

02

실전형 AI 윤리 가이드

AI가 해준 과제, 그대로 제출해도 괜찮을까요?

Intro: 챗지피티(ChatGPT)가 틀린 답을 알려줘서 낭패를 본 적 있나요?

AI가 알려준 정보로 과제를 하고 발표 자료를 구성하고 논문까지 쓸 수 있는 세상! 대학 생활, 참 편리해졌지만, 잘못된 정보 사용으로 인한 문제점에 대해서도 생각해 보셨나요? 생성형 AI를 활용해 리포트를 작성한 학생들이 표절 판정을 받아 경고 처분을 받는가 하면, 오류를 확인하지 않고 활용하다 허위 정보 유포로 이어진 경우도 있었는데요. 빠른 시간 내에 뚝딱 결과물을 만들어주지만 잘못 사용하면 다양한 윤리 문제가 생길 수 있습니다. 따라서 AI를 학습의 조력자로 활용하되 윤리 의식을 갖고 올바르게 사용하는 것이 중요합니다. 이 장에서는 생성형 AI의 위험 사례를 알아보고, 대학 생활에서는 무엇을 주의해야 할지 윤리 가이드도 살펴보겠습니다.

챗지피티에 정보 요청 → 정보의 정확도와 공정성을 비판적으로 사고하며 의심하기 → 직관적으로 정보 오류를 발견하면 걸러내기 → 제공된 정보의 출처에서 정보를 비교 검증해 진위 확인 → 과제나 발표 자료에 활용 시 자신의 생각을 포함해 재구성

1. 생성형 AI의 위험성

생성형 AI는 우리에게 편리함을 주지만 잘못된 사용으로 인한 위험성도 있어요. 대표적인 사례는 다음과 같습니다.

가. 생성형 AI의 대표적인 위험 사례

1) 정보의 신뢰성 훼손

생성형 AI가 제시하는 정보에 오류가 있다는 것, 알고 있나요? 애플이 자체 AI로 아이폰에 제공하고 있는 '애플 인텔리전스' 뉴스 알림 요약 기능이 세부 정보를 요약하는 과정에서 내용을 왜곡해 문제가 된 적이 있습니다. BBC는 이 서비스가 자신들의 보도를 요약하는 과정에서 용의자가 스스로 목숨을 끊었다는 잘못된 정보를 포함하여 전달하자 불만을 제기했는데요. 2024년 해당 문제가 발생한 이후에도 오류가 끊이지 않자 AI로 인한 오류로 인해 잘못된 정보와 뉴스에 대한 신뢰 하락 문제가 가중되고 있다며 비판했습니다. 왜 정확하지 않은 정보가 제시된 걸까요? 그 원인은 바로, AI가 데이터의 맥락을 제대로 이해하지

못하고 잘못 요약했기 때문이었습니다.

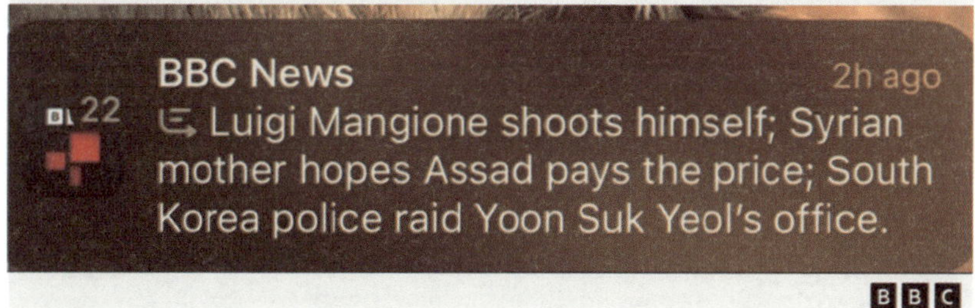

A news alert from December 2024 was among the complaints made by the BBC to Apple

〈애플 인텔리전스 뉴스 알림 요약 오류〉

이와 같이 생성형 AI는 기술적 한계가 존재합니다. 문맥을 잘못 해석하는 경우뿐만 아니라 잘못된 정보를 학습하여 생기는 오류도 있어요. 그러니 부정확한 내용을 사실 확인 없이 인용하거나 공유하면 잘못된 정보로 인해 신뢰도가 떨어질 수 있습니다.

2) 정보의 편향성으로 인한 차별적 정보 양산

AI는 편향된 정보를 학습해 잘못된 정보를 제공할 수 있어요. AI의 편향성은 AI가 학습하는 데이터의 편향성, 알고리즘의 설계, 결과 해석을 비롯한 여러 가지 문제로 인해 발생합니다. 인종, 성별, 나이 등에 대한 정보의 편향성이 확산되면 편견을 조장할 우려가 있어 위험합니다. 예를 들어 채용 과정에서 AI가 고용 결정을 내릴 때 알고리즘의 영향으로 특정한 인종이나 성별에 대해 편향된 결정을 내릴 수 있습니다. 신발에 대한 정보를 운동화로만 공부한 AI는 다른 종류의 신발을 신발이라고 이해하지 못할 거예요.

〈편향성의 예. Google ImageFX로 그린 그림〉

이처럼 학습하는 데이터가 특정한 집단에 대해 편향적이면 결과와 해석도 한쪽으로 치우칠 수 있어요. 편향된 정보는 차별화된 정보를 지속적으로 양산하여 공정성과 관련된 심각한 문제를 초래할 수 있어요.

3) 개인정보 유출로 인한 인권 침해

개인정보를 기반으로 학습한 AI는 이를 불법적으로 사용할 수 있어 개인정보 유출로 인권을 침해할 우려가 있어요. AI 스타트업 스캐터랩(Scatter lab)이 개발한 이루다 챗봇은 2021년에 개인 정보 유출로 문제가 되었습니다. 대화 도중에 흑인, 임산부 등에 대한 혐오 발언을 쏟아 냈기 때문인데요. 왜 이런 일이 생긴 걸까요? 바로, 자사 앱 서비스 사용자의 정보를 무단으로 활용했기 때문이었습니다. 사용자들의 말이 개인정보 활용 동의도 구하지 않은 채 활용되었던 거죠. AI를 활용할 때는 개인정보 유출 문제의 심각성을 깨닫고 주의해야 합니다. 친구의 이름이나 사진, 음성, 주소, 전화번호와 같은 개인정보를 입력하거나 공유하면 민감한 정보가 무방비로 노출되어 타인의 사생활을 침해할 수 있습니다.

개인정보를 보호하려면 챗지피티와 같은 생성형 AI의 개인정보에 대한 기본 설정을 수정해 보세요. 대화 내용에 대한 기본 설정을 모델 개선을 위한 학습데이터로 활용할 수 있게 하고 있지만, 잘 노출되어 있지 않기 때문에 지나치는 경우가 많아요. 아래와 같이 설정해 보세요.

▶ 챗지피티 → 메뉴바 프로필 내 설정 → 데이터 제어 → 모두를 위한 모델 개선 → '꺼둠'

그 밖에도 AI로 인한 위험성은 다양합니다. AI는 의료, 법률, 교육 등 다양한 분야에서 도움을 줄 수 있지만 항상 그 이면에 위험한 요소가 있습니다. 예를 들어, AI는 의료 진단에서 의사를 도울 수 있지만 잘못된 판단으로 오히려 생명을 위협할 수도 있어요. AI는 법률 판결에서 우리의 권리와 정의를 보장할 수 있지만, 편견이나 차별로 인해 오히려 권리와 자유를 침해할 수도 있어요. 사회적 불평등과 차별을 심화시킬 수도 있습니다. 따라서 AI는 인간의 존엄성과 공공선을 존중하고 지킬 수 있도록 설계되고 운영되어야 합니다. 이것을 AI 사용 윤리라고 합니다. AI 사용 윤리는 AI의 기술개발과 활용 과정에서 발생할 수 있는 윤리적 문제를 모두 다루는 것입니다. 따라서 AI 시스템 개발의 주체는 물론, 사용자도 AI 윤리를 인식하고 실천하는 것이 중요합니다.

나. 할루시네이션의 위험성

지금까지 AI를 잘못 활용했을 때 생길 수 있는 위험 사례들을 살펴봤는데요. 왜 우리는 잘못된 정보인지 인식하지 못하고 사용하게 되는 걸까요? 최근 생성 AI의 윤리적 문제로 부각 되는 대표적인 사례는 할루시네이션(Hallucination) 현상입니다.

▶ 할루시네이션: AI가 실제로 존재하지 않는 정보나 사실을 진짜처럼 만들어 내는 현상

환각이라고도 불리는 이 현상은 현실과 가상의 경계가 모호한

정보를 제공함으로써 사실이 아닌 것을 진짜처럼 보이게 합니다. 틀린 답도 그럴듯하게 생성하는 것이죠. 틀린 내용을 정답인 것처럼 단정 지어 이야기하거나, 부정확한 정보를 확신에 찬 말투로 답하기도 합니다. 오래된 데이터를 최신 정보처럼 표현하기도 해요. 이와 같이 AI의 속임수와 같은 응답을 받으면 할루시네이션인지 모르고 사용하게 되어, 비현실적인 정보가 사실처럼 받아들여져 확산할 수 있어요. 그렇다면 할루시네이션이라 불리는 환각 현상은 왜 생기는 걸까요?

1) 대규모 언어 모델(Large Language Model)로 인한 한계

할루시네이션 현상이 생기는 대표적인 원인은 대규모 언어 모델을 사용하는 생성형 AI의 특성 때문입니다. 챗지피티와 같은 생성 AI는 컴퓨터 알고리즘인 대규모 언어 모델(Large Language Model)을 사용해요. LMM은 방대한 데이터를 기반으로 학습하고 답을 생성하는 기술로, 인간처럼 텍스트를 이해하고 생성하도록 설계된 거죠. 따라서 챗지피티와 같이 LLM 기술을 활용한 AI는 데이터를 학습한 것을 바탕으로 예측한 답변을 생성합니다.

하지만 인간의 언어를 잘 이해하고 답변하는 생성 능력에도 불구하고 허점이 있습니다. 바로, 통계적 패턴에 따라 문장을 만들어 낸다는 점인데요. 그래서 정답이 아니라 주어진 질문에 대해 가장 정답일 확률이 높은 답변을 하는 특성이 있어요. 맥락을 이해하는 것 같지만 사실에 기반하지 않더라도 가장 그럴듯해 보이게 작성하도록 학습되어 있어요. 따라서 그럴듯한 답을 내놓지만 틀린 말을 하기도 하는 할루시네이션 현상이 발생하게 됩니다. 다음의 상황에서 잘못된 정보를 제시할 가능성이 있습니다.

- 부정확한 정보를 학습할 때
- 최신 정보를 반영하지 못하고 오래된 정보로 학습할 때
- 특정한 주제에 대해 학습할 데이터가 부족할 때
- 편향된 정보를 학습할 때

AI 기술 발달에 따라 지식 습득과 창작, 의사결정에 이르기까지 활용도가 높아지고 있지만 그만큼 기술적 한계로 인한 부작용도 존재한다는 사실을 인식하고 올바르게 사용해야 합니다. AI의 양면성을 인식하고 신뢰할 수 있는 정보를 책임감 있게 사용해야 AI에 대한 과의존성을 줄이고 혁신의 도구로서 효율적으로 사용할 수 있어요.

2) 할루시네이션 사례

AI에게 질문을 하면 아주 구체적인 상황을 제시하며 답을 하는 경우가 있습니다. 척척 답을 내놓지만 틀린 정보일 때가 많죠. AI 모델의 기술적 한계로 인해 할루시네이션 문제는 지속적으로 발생하고 있습니다. 따라서 AI가 제시하는 대답을 맹신하

지 않고 '이 정보는 옳은 걸까?' 의심해 보는 습관이 필요합니다. 비판적인 사고를 하며 정확한 정보 여부를 판단해 사용하는 게 중요하다는 거죠. 만약, 교육봉사를 가기 위해 이런 질문을 한다면 어떻게 답할까요? "초등학교 3학년 학생에게 독서 프로그램을 진행할 지식책을 추천해 줘."

AI에게 자료를 요청하면 주제별로 도서 제목과 출판사와 작가명, 책의 특징까지도 덧붙여 일목요연하게 제공해 줍니다. 자료 조사 시간을 확 줄여주니 편리하지만 여기에도 할루시네이션이 있어요. 그럴듯해 보이더라도 미출간 도서이거나 제목과 작가명에 오류가 있는 경우도 많습니다. 여러 가지 틀린 정보를 일목요연하게 정리해서 소개하기도 하니 정확한 정보로 착각하여 사용할 수 있어요. 따라서 AI로부터 얻은 정보를 활용할 때는 신뢰할 만한 사이트에서 정확한 내용인지 확인하고 제미나이(Gemini)와 퍼플렉시티(Perplexity)와 같은 여러 AI를 활용해 비교 검증도 해 보세요. 처음부터 출처도 요청하여 직접 내용을 확인하는 것도 할루시네이션 현상으로 인한 오류를 줄일 수 있는 방법입니다.

이미지에도 할루네이션이 있어요. 다음은 코파일럿(Copilot)에게 이미지를 요청한 결과인데요. '한복을 입은 여성, 땋은 댕기머리, 10대 중반, 버선 착용, 꽃을 구경하는 모습'을 프롬프팅했습니다. 이상한 점을 발견하셨나요?

자세히 보면 한복을 입은 여성이 아니라 다른 동양풍의 의상과 헤어스타일을 한 모습인데다 다리도 분리되어 있어요. 이와 같이 AI는 창의적인 결과물을 생성할 수 있지만 언제든지 환각을 일으킬 수 있다는 사실을 인지해야 합니다. 또한 정확하지 않은 정보를 사용함으로써 생기는 결과물에 대한 책임은 본인에게 있다는 사실도 기억하세요.

2. 생성형 AI의 윤리적 사용 방안

생성형 AI를 윤리적으로 사용하려면 어떤 점들을 고려해야 할까요?

가. AI 리터러시(Literacy)의 핵심, AI 윤리

AI 리터러시라는 말 들어보셨나요? AI 시대에 길러야 할 필수 역량인데요. AI 리터러시의 정의는 조금씩 다르지만 종합하면 AI의 작동 원리와 한계를 이해하고, 능동적·비판적으로 이용하는 종합적인 능력으로 설명할 수 있어요. 여기에서 주목할 것은 AI라는 기술을 정확히 이해하고 실제 삶에서 올바르게 응용할 수 있는 능력에는 반드시 윤리적 판단력을 갖고 활용할 수 있는 능력이 포함된다는 거예요. 하지만 AI 윤리는 사용자의 노력만으로 지켜지지 않아요. AI 윤리는 AI 기술과 개발의 활용 과정에서 인간의 존엄성과 기본권을 보호하고 공익을 증진하기 위한 원칙과 지침을 말합니다. 그리고 AI 시스템의 개발과 사용이 인간의 가치와 권리를 존중하면서 이루어져야 한다는 기본 전제에서 출발합니다. 따라서 AI의 윤리적 사용 환경이 정착되려면, AI 기술의 발전과 사용의 주체인 개발자와 사용자, 정책 입안자까지 모두의 노력이 필요합니다.

나. AI 윤리의 주요 원칙

그렇다면 AI 윤리의 주요 원칙은 어떤 것들이 있을까요? 각국의 정부와 국제기구들은 다음과 같은 원칙을 제시합니다.

AI 윤리의 주요 원칙	
① 책임성	AI가 잘못된 결정을 내렸을 때 누가 책임을 져야 하는가?
② 투명성	AI가 어떤 데이터를 사용하며, 의사결정은 어떤지 설명할 수 있는가?
③ 공정성	AI가 차별이나 편향 없이 작동하는가?
④ 프라이버시 보호	개인 정보가 무단 수집 · 활용되지 않으며 철저히 보호되고 있는가?
⑤ 인간 중심	AI는 인간의 존엄성과 권리를 중심에 두는가?

자율주행 자동차, 의료 진단 시스템, 군사용 AI에 이르기까지 AI 기술은 다양한 분야에서 혁신을 이끌고 있지만, 여전히 알고리즘 편향, 개인정보 침해, 정보 오류 등 다양한 위험성을 동반하고 있습니다. 이스라엘 역사학자 유발 하라리는 AI의 위험성에 대해 이렇게 경고하기도 했어요. "AI는 인류의 가장 위대한 창조물이자, 가장 위험한 무기가 될 수 있다."

기술 발전에는 항상 따라 오는 게 있죠. 바로 윤리와 규제입니다. AI로 얻는 다양한 이익만큼이나 '우리는 어떻게 안전하고 책임감 있게 사용할 것인가?'에 대한 질문을 해야 합니다. 대학 생활에서도 AI를 윤리적으로 사용하려면 이러한 노력들이 필요합니다.

- 정확한 정보인지 비판적인 사고로 의심해 보기
- 생성한 정보의 정확성 검증 후 사용
- 자신의 생각을 포함하고 자신의 언어로 재구성
- 표절에 해당되지 않도록 출처 밝히고 사용

직접 과제를 해결해볼까?

<삼성전자의 수익성 강화 전략 보고서 작성– 할루시네이션 방지 방법 예시>

☑ **1단계: 명확하게 묻고 구체적으로 질문하기**
- **불명확한 프롬프트**: 삼성은 어떤 회사야?
- **명확한 프롬프트**: 삼성전자의 2025년 상반기 매출과 영업이익을 알려줘.

☑ **2단계: 출처와 함께 범위를 제한해 질문**(출처를 모를 때는 출처 묻기)
- 예: 삼성전자의 매출과 영업이익을 공시하는 곳이 어디인지 알려줘.
- 예: 삼성전자의 IR 웹사이트에 공시된 2025년 2분기 매출과 영업이익을 알려줘.

☑ **3단계: 알려준 정보 출처에서 내용 검증**

　(신뢰할 수 있는 출처로부터만 데이터 수집해 사용 → 정보의 정확도 향상)
- 예: 삼성전자 IR(투자자관계) 웹사이트, 금융감독원 전자공시스템(DART),
　증권사 및 금융정보사이트

☑ **4단계: 정보 출처를 명시하고 질문 범위를 좁혀 구체적으로 질문**
- **예**: 삼성전자의 IT 웹사이트에 공시된 2025년 상반기 매출과 영업이익을 알려
줘. 특히 매출이 하락한 제품군 3가지를 알려줘.

☑ **5단계: 검증 질문하기**
- **예**: 방금 한 답변에 대해 3가지 검증 질문을 만들고 답해줘.

★ **추가팁**
- 복잡한 문제는 단계별로 요청해 보세요
- 기술적 한계를 이해하고 중요한 정보는 반복적으로 질문하세요

★ **AI 윤리 의식을 높일 수 있도록 토론도 해보자**(질문 예시)
- AI 윤리 문제 사례들이 대학생의 인식에 어떤 영향을 미칠까?
- 이루다 사건이 대학생들의 AI 윤리 의식에 끼친 영향은 무엇일까?
- 앞으로 내 연구나 프로젝트에서 어떻게 AI 윤리를 실천할 수 있을까?

03 디지털 정글에서 살아남기: AI와 저작권

열심히 했는데… 이게 혹시 불법이면 어쩌죠? 걱정 마세요. 지니가 도와드릴게요

Intro: "이거… 그냥 내도 괜찮을까?"

리포트 마감이 코앞인데 주제는 막막하고 쓸 말은 생각나지 않을 때… 우리에겐 'AI'라는 마법 같은 해결사가 있죠. 몇 가지 키워드만 입력하면 그럴듯한 글 한 편이 뚝딱, 멋진 이미지까지 순식간에 만들어 냅니다. 그렇게 과제를 끝내고 '제출' 버튼을 누르려던 바로 그 순간 마음속 깊은 곳에서 작은 목소리가 들려옵니다.

"잠깐만. 혹시 이거… 그냥 내도 괜찮은 걸까? 저작권에 걸리는 거 아니야?"

AI가 차려준 화려한 밥상은 달콤하지만 그 안에 숨겨진 '저작권'이라는 가시는 생각보다 날카로울 수 있습니다. 나도 모르는 사이 아슬아슬하게 선을 넘고 있었을지도 모릅니다.

바로 그때, 걱정하는 당신 앞에 AI 요정 '지니'가 짠! 하고 나

타납니다.

"주인님, 너무 걱정 마세요! AI라는 강력한 마법을 안전하게 사용하려면 '사용 설명서'가 필요한 법이죠. 저작권부터 공정 이용까지, 복잡한 규칙들을 제가 알기 쉽게 정리해 드릴게요!"

AI 콘텐츠의 안전한 활용: 소속 기관의 저작권 정책과 AI 사용 규칙 확인 – 과제 주제 선정 및 AI 도움 받기(보조 역할 요청) – 재창조 – 출처 확인하고 오류 검토 – 출처 밝히고 표절에 유의

1. 저작권 101: 이것만은 알고 가요!

저작권이 대체 뭐냐고요? 간단해요! '내가 만든 소중한 창작물을 보호해 줘!'라고 외칠 수 있는 법적인 권리랍니다. 작가의 소설, 화가의 그림, 작곡가의 노래처럼요. 하지만 저작권에도 몇 가지 중요한 규칙이 있어요.

가. (규칙 1) 아이디어가 아닌 '표현'을 보호한다

저작권은 '아이디어' 그 자체가 아니라 아이디어가 구체적인 형태로 드러난 '표현(Expression)'을 보호합니다. 이게 무슨 말이냐고요?

- **아이디어**(보호 X): "인공지능과 사랑에 빠지는 소년의 이야기"
- **표현**(보호 O): 위 아이디어를 바탕으로 작가가 직접 쓴 소설의 문장, 장면 묘사, 대사. 즉, 누군가 "AI와 사랑에 빠지는 이야기 써야지!"

라고 생각만 하는 것은 저작권이 없어요. 하지만 그 아이디어로 직접 소설을 썼다면, 그 소설 텍스트는 저작권의 보호를 받습니다.

나. (규칙 2) '인간의 창작물'만 보호한다

이게 바로 AI 시대의 가장 뜨거운 감자예요! 현행법상 저작권은 '인간'의 사상 또는 감정이 담긴 창작물에만 부여됩니다. 미국 저작권청(U.S. Copyright Office)은 "인간의 저작성(human authorship)"이 없는 작품은 저작권 등록을 거부한다고 명확히 밝혔어요.

- **원숭이가 찍은 셀카:** 법원은 원숭이에게 저작권이 없다고 판결했어요.

- **AI가 스스로 그린 그림:** AI '다부스(DABUS)'가 창작한 그림 역시 인간의 개입이 없었다는 이유로 저작권 등록이 거부되었죠. 하지만 그 아이디어로 직접 소설을 썼다면, 그 소설 텍스트는 저작권의 보호를 받습니다.

자, 그럼 이제 진짜 궁금한 점을 파헤쳐 볼까요? 챗지피티(ChatGPT)가 써준 글, 미드저니(Midjourney)가 그려준 그림은 과연 누구의 것일까요?

AI와 저작권을 이야기할 땐 두 가지를 나눠서 봐야 해요. AI가 공부하는 '입력(Input)' 단계와, AI가 결과물을 뱉어내는 '출력(Output)' 단계죠.

가. AI는 무엇을 먹고 자라나? (입력 단계의 이슈)

챗지피티 같은 AI는 인터넷에 있는 수많은 글, 이미지, 코드를 바탕으로 학습합니다. 이 과정에서 저작권이 있는 데이터를 무단으로 학습했다는 이유로, 현재 전 세계적으로 거대 AI 기업들을 상대로 한 소송이 진행 중이에요. 이 문제는 기업과 창작자 사이에서 다양한 논의가 이어지고 있는 복잡한 사안이에요. 아직 명확한 기준이 정해지지 않은 부분도 많지만, 우리가 AI를 활용할 때 특히 주의 깊게 바라봐야 할 부분이 있어요. 바로, 우리와 가장 밀접한 '출력물'입니다. AI가 만든 결과물이라도 누군가의 창작물을 바탕으로 만들어졌을 수 있기 때문에, 그 내용을 그대로 과제나 발표에 활용하기 전에 반드시 한 번 더 점검해 보는 태도가 필요해요. 입력과 출력 모두에서 저작권을 존중하려는 태도가 필요하다는 것, 꼭 기억해 주세요.

나. AI 생성물의 저작권, 판단 기준은? (출력 단계의 이슈)

결론부터 말하면, 현행 대한민국 저작권법 제2조 제1호에 따라 '인간의 창작적 개입'이 없다면 AI가 독자적으로 만든 결과물은 저작물로 보호받지 못합니다. 이처럼 현재 대부분의 국가에서는 'AI가 스스로 생성한 결과물' 자체는 저작권을 인정받지 못합니다. 즉, '공공의 재산(Public Domain)'처럼 누구나 자유롭게 이용할 수 있다는 해석이 지배적이에요.

'잠깐! 그럼 AI가 만든 건 마음대로 써도 된다는 뜻인가요?' 그건 아니에요! 여기에 아주 중요한 함정이 있답니다. 바로 '인간의 창작적 기여'가 얼마나 들어갔느냐에 따라 저작권의 주인이 달라지기 때문입니다.

- **단순한 명령** (창작성 X): "고양이 그림 그려줘" → AI가 생성한 고양이 그림 자체는 저작권 없음.
- **구체적이고 창의적인 명령과 수정** (창작성 O): "푸른 은하수를 배경으로, 슬픈 눈을 한 채 왕관을 쓴 샴고양이를 그려줘." 그리고 그 결과물에 내가 직접 배경을 수정하고 색감을 보정한 경우.

이 경우, AI를 '붓'이나 '포토샵' 같은 도구로 활용한 것이며, 당신의 '창의적인 선택과 후반 작업'에 대한 저작권이 인정될 수 있습니다.

이 '인간의 창의적 기여'가 바로 핵심입니다. 한국저작권위원회의 「생성형 AI 저작권 안내서」에 따르면, AI 산출물 자체는 원칙적으로 저작물로 보기 어렵습니다. 다만 사용자가 결과물을 선택·배열·조정하거나 수정·증감 등 창의적인 추가 작업으로 인간의 기여가 저작물로 인정될 정도로 드러난다면, 그 추가한 부분에 한해 저작물로 인정될 수 있습니다.

3. 과제에 쓴 이미지 · 텍스트, 어디까지 괜찮을까?

이제 실제 사례를 보며 감을 잡아볼까요? 과제할 때 가장 헷갈리는 두 가지 경우를 가져왔어요.

가. '지브리 스타일'로 그림을 만들었는데, 저작권 침해일까요?

결론부터 말하면, 단순히 특정 화풍이나 스타일을 따라 했다는 것만으로는 저작권 침해가 되기 어렵습니다. 저작권법은 '아이디어'가 아닌 구체적인 '표현'을 보호하기 때문이죠. 대법원 판례 역시 "저작권의 보호 대상은 창작적인 표현 형식에 한정된다"고 명확히 하고 있습니다.

- **괜찮을 가능성이 높은 경우:** '지브리 특유의 감성적인 파스텔 톤으로, 한국의 경복궁을 배경으로 한복을 입은 소녀를 그려줘' → 스타일만 차용

- **침해 위험이 높은 경우:** '지브리의 〈센과 치히로의 행방불명〉에서 치히로가 다리를 건너는 장면과 똑같은 구도와 배경으로, 캐릭터만 토끼로 바꿔서 그려줘' → 구체적인 표현 요소(구도, 배경, 연출)가 실질

적으로 유사

결국 중요한 것은 '영감'을 얻는 수준을 넘어, 원작의 핵심적인 표현을 그대로 '복제'했는가 하는 점입니다.

나. 인터넷에서 받은 폰트, 마음대로 써도 될까요? (feat. 한컴 글꼴)

이미지뿐만 아니라 '글꼴(폰트)'도 저작권법의 보호를 받는 저작물입니다. 특히 한컴오피스나 MS오피스에 기본으로 포함된 폰트들은 해당 프로그램을 사용하는 환경에서만 자유롭게 이용할 수 있도록 허락된 경우가 많습니다.

- **위험한 경우:** 한글 프로그램에서 HY헤드라인M 폰트로 멋진 제목을 만들어 이미지로 저장한 뒤, 이걸 내가 만든 유튜브 영상 썸네일에 사용하는 행위.

- **왜 위험할까?** 폰트 회사는 '한컴오피스 내에서의 문서 작성'이라는 목적에만 사용을 허락했을 뿐, 그 결과물을 별도의 이미지로 만들어 상업적 영상에까지 사용하는 것을 허락하지 않았을 수 있기 때문입니다. 특히 '영상물'에 대한 폰트 라이선스는 별도로 규정하는 경우가 많으니 반드시 확인해야 합니다.

4. 저작권 걱정 없는 콘텐츠 활용법

저작권 걱정 없이 콘텐츠를 활용하는 비법은 크게 두 가지로 나눌 수 있습니다. 첫째, 저작권 프리패스가 있는 안전한 자료를 처음부터 골라 쓰는 '똑똑한 공격법'. 둘째, 내가 사용한 자료의 출처를 명확히 밝혀 스스로를 보호하는 '완벽한 수비법'이죠. 이 두 가지 전략만 제대로 익힌다면, 여러분은 저작권 필드의 에이스가 될 수 있습니다!

가. CCL, 착한 저작물의 사용 설명서

CCL(Creative Commons License)은 "제 저작물은 이 조건만 지키면 마음껏 사용해도 좋아요!"라고 창작자가 직접 붙여놓은 '이용 허락 표시'입니다. CCL이 붙은 콘텐츠는 저작권 걱정을 크게 덜 수 있죠. CCL의 기본 아이콘 4가지를 알아볼까요?

- **BY** (저작자 표시): 반드시 원작자를 밝혀야 해요. (모든 CCL의 기본 조건!)
- **NC** (비영리): 영리적인 목적으로 사용할 수 없어요.
- **ND** (변경 금지): 원본을 수정하거나 2차 창작을 할 수 없어요.
- **SA** (동일조건변경허락): 2차 창작은 가능하지만, 원작과 똑같은 CCL 조건을 붙여야 해요.

과제에 사용할 이미지를 구글에서 검색할 때, [도구] > [사용권] > [크리에이티브 커먼즈 라이선스] 필터를 사용하면 CCL이 적용된 안전한 이미지를 쉽게 찾을 수 있답니다.

나. 참고문헌 정리, AI 도우미에게 맡겨보세요!

과제나 논문을 쓸 때 참고문헌을 일일이 정리하는 건 정말 힘든 일이죠. 이때 다음과 같은 도구들을 활용하면 저작권 표기 의

무를 훨씬 수월하게 지킬 수 있어요.

- Zotero, EndNote: 참고문헌 수집, 관리, 인용 스타일 적용까지 한 번에 해결해 주는 전문 프로그램입니다.
- Perplexity, Citeasy: 웹사이트나 논문 PDF를 올리면 핵심 내용을 요약해주고, 정확한 형식의 출처까지 자동으로 생성해 주는 AI 기반 서비스입니다.

다만, 생성된 정보는 실제 자료와 한 번쯤 비교해 보는 게 좋아요. AI도 가끔 실수할 수 있으니까요.

5. 안전하게 쓰는 법: AI 콘텐츠 활용 가이드라인

이제 가장 실용적인 부분으로 넘어가 봅시다. 그래서 대체 어떻게 AI를 써야 안전할까요? AI를 현명하게 활용하고 스스로를 보호하기 위해 반드시 기억해야 할 5가지 핵심 원칙을 소개합니다.

〈AI 활용 5대 원칙〉

가. 제1원칙: AI를 '노예'가 아닌 '조수'로 대하라

AI에게 글 전체를 써달라고 맡기는 것은 가장 위험한 접근법입니다. AI는 아이디어를 내주고, 자료를 찾아주고 복잡한 내용을 쉽게 풀어주는 훌륭한 '조수'이지 여러분을 대신해 과제를 해주는 '노예'가 아닙니다. 브레인스토밍, 개요 작성, 초안 번역, 문장 다듬기 등에 활용하되 최종 결과물은 반드시 여러분의 생각과 언어로 채워 넣어야 합니다.

나. 제2원칙: AI의 말을 100% 믿지 말고, '출처'를 확인하라

AI는 때때로 매우 그럴듯한 거짓말을 합니다. 이를 '환각 (Hallucination)' 현상이라고 부릅니다. AI가 제시한 정보, 특히 중요한 사실이나 통계를 인용할 때는 반드시 원본 출처를 찾아 교차 확인하는 습관을 들여야 합니다.

다. 제3원칙: AI 생성물을 '나만의 것'으로 재창조하라

AI가 생성한 글이나 이미지를 그대로 '복사-붙여넣기'하는 것을 피해야 합니다. 그것을 하나의 '재료'로 생각하고, 여러분의 창의성을 듬뿍 뿌려 새로운 결과물로 재창조하세요. 글이라면 문단 순서를 바꾸거나 자신만의 예시를 추가하고, 이미지라면 여러 결과물을 조합하거나 직접 편집하는 등 적극적인 개입이 필요합니다.

라. 제4원칙: 출처를 밝히는 것을 두려워하지 마라

과제에 AI를 활용했다면, 교수님이나 기관의 지침에 따라 "이 부분의 아이디어는 챗지피티의 도움을 받았습니다"라고 솔직하게 밝히는 것이 좋습니다. 이는 표절 의혹에서 스스로를 보호하는 가장 확실한 방법이자 학문적 정직성을 지키는 성숙한 태도입니다.

마. 제5원칙: 소속된 공동체의 '규칙'을 최우선으로 존중하라

가장 중요한 원칙일 수 있습니다. 여러분이 속한 학교, 회사 등에서 AI 사용을 금지하거나, 사용 시 반드시 표기하라는 내부 규정이 있다면 반드시 따라야 합니다. 이는 저작권법을 넘어 공동체의 '약속'과 신뢰에 관한 문제입니다.

직접 과제를 해결해볼까?

☑ **과제 1. "AI 조수와 함께 써보기" 실습**

> **과제 안내:** 생성형 AI에게 자신이 관심 있는 주제(예: '디지털 학습의 장단점')에 대해 개요를 만들어달라고 요청한 뒤, 그 개요를 바탕으로 자신만의 문단을 작성해 보세요. 작성 후, 어떤 부분에서 AI의 도움을 받았고, 어떤 부분은 스스로 창작했는지 구분해서 작성해 보세요.

1. 내가 선택한 주제:

2. AI에게 요청한 내용 (프롬프트):

3. AI가 제시한 개요 또는 아이디어 요약:

4. 내가 작성한 문단 [한 문단 분량으로, 5문장 이상 작성해 주세요. 150~200자 내외를 권장합니다]:

5. AI 도움 받은 부분 vs 내 창작 부분

　　도움받은 부분:

　　내 생각/표현:

☑ **내가 실천한 AI 활용 원칙 체크하기**

(수행한 과제에서 적용한 원칙을 모두 체크해보세요.)

- 제1원칙: AI를 조수로 활용했다
- 제2원칙: AI의 정보를 스스로 검증했다
- 제3원칙: AI 생성물을 나만의 방식으로 바꾸었다
- 제4원칙: AI 활용 사실을 인식하고 밝혔다
- 제5원칙: 소속 기관의 규칙을 확인하고 따랐다

직접 과제를 해결해볼까?

☑ **과제 2. "AI 정보 검증 퀘스트" 실습**

> 과제 안내: 생성형 AI에게 "OOO은 언제 시작되었나요?" 또는 "최근 AI 기술의 사회적 영향에 대한 통계를 알려줘"와 같은 정보를 물어본 뒤, 실제로 그 정보를 검색(구글, 네이버 등) 하여 진위를 확인해 보세요. 검색 결과와 AI의 답변이 어떻게 달랐는지 간단히 정리해보세요.

1. AI에게 질문한 내용:

2. AI가 제시한 답변 요약:

3. 내가 찾은 실제 출처 및 내용 요약:

4. AI 답변과 비교했을 때 차이점:

5. 느낀 점 / 주의할 점:

6. 마무리하며: AI 시대, 창작의 주인은 바로 당신

우리는 AI라는 강력하고 매력적인 도구를 손에 넣었습니다. 이 도구는 우리의 창의력을 무한히 확장시켜 줄 수도 있지만, 생각 없이 휘두르다가는 나 자신과 다른 사람을 다치게 할 수도 있습니다. 저작권 문제는 여전히 많은 부분이 법적으로 정리되는 과정에 있습니다. 하지만 확실한 것은 AI가 아무리 발전하더라도 최종적인 책임과 창작의 영광은 결국 '사용자인 당신'에게 있다는 사실입니다. AI를 두려워할 필요도 맹신할 필요도 없습니다. 그저 현명하고 책임감 있는 자세로 AI를 나의 가장 똑똑한 학습 파트너이자 창작 조수로 삼으세요.

지니 한마디:

"주인님, 디지털 시민이란 단순한 사용자 그 이상이에요. 정보를 비판적으로 읽고 온라인 행동엔 책임을 지며 타인의 권리를 존중할 줄 알아야 하죠. 클릭 하나, 댓글 하나에도 시민의식이 드러나는 법이니까요."

AI와 함께 설계하는 평생학습자의 길

"AI, 너는 나의 루틴 파트너였어."

대학 생활을 시작하며 우리는 늘 '잘하는 방법'을 찾습니다. 어떻게 공부해야 할지, 어떻게 시간을 관리해야 할지, 그리고 어떤 방향으로 성장해야 할지를 고민합니다. 인공지능을 두고 누군가는 경계를 말하고, 누군가는 모든 것을 해결해 줄 것이라 기대합니다. 그러나 이 책을 끝까지 읽은 여러분은 이제 분명히 알게 되었을 것입니다. AI는 우리의 삶을 대신 살아주는 존재가 아니라, 스스로 배우고 성장하는 과정을 돕는 '루틴 파트너'라는 사실을 말입니다.

이 책에서 소개한 AI 도구들은 정답을 주는 기계가 아니라, 질문을 더 잘하게 만들고, 학습 과정을 구조화하며, 반복 가능한 습관으로 정착하도록 돕는 도구들입니다. 결국 학습의 방향과 깊이는 여전히 학습자 자신에게 달려 있습니다.

1. 나의 AI 학습 루틴을 돌아보다

가. 나의 일상 학습 루틴 점검하기

이제 잠시 멈추어, 자신의 학습 방식을 점검해 볼 차례입니다.

- 현재 내가 가장 자주 사용하는 AI 도구는 무엇입니까?

- 그 도구는 나의 공부, 협업, 사고 정리에 어떤 도움을 주고 있습니까?

- AI를 활용한 이후, 나의 학습 습관은 이전과 어떻게 달라졌습니까?

이 질문들은 AI 활용의 수준을 점검하기 위한 기준이 됩니다.

나. 간단한 자기성찰 기록

다음은 학습자가 실제로 남길 수 있는 자기성찰 기록의 예시입니다.

- "이전에는 필기를 따라가느라 강의 내용을 깊이 이해하지 못했지만, 이제는 클로바노트로 요약된 내용을 바탕으로 개념을 정리하며 학습의 밀도가 높아졌습니다."

- "강의가 끝난 뒤 무엇을 복습해야 할지 막막했으나, 이제는 요약본을 노트북엘엠에 업로드하고 질문을 던지며 나만의 복습 루틴을 만들고 있습니다."

이와 같은 짧은 기록은 자신의 학습 변화를 인식하고, 앞으로의 방향을 조정하는 중요한 출발점이 됩니다.

2. 나의 AI 인벤토리 열기

AI 도구는 단순한 '앱'이 아닙니다. 게임에서 캐릭터가 능력을 강화하는 장비를 선택하듯, AI 도구는 학습자의 루틴과 사고 방식을 업그레이드하는 학습 장비입니다.

게임 캐릭터가 장착하는 아이템처럼, 당신의 루틴을 업그레이드해주는 '능력 장비'입니다.

아래는 나만의 AI 인벤토리 정리표입니다. 직접 채워보세요!

AI 도구 이름	주로 쓰는 기능	어떤 루틴에 쓰는가?	만족도(★1~5)
클로바노트	강의 녹음/요약	수업 내용 복습 루틴	☆☆☆☆☆
챗지피티	개념 정리/질문	시험 전 요약 루틴	☆☆☆☆☆
노션	지식 구조화	주간 정리 루틴	☆☆☆☆☆
Canva AI	시각 자료 제작	발표자료 루틴	☆☆☆☆☆
제미나이 Gems	커스텀 챗봇 생성	자기계발 루틴	☆☆☆☆☆

이 인벤토리는 고정된 목록이 아니라, 학습자의 성장에 따라 계속해서 수정·확장되어야 합니다. 동료 학습자와 비교해 보며, 어떤 도구를 더 전략적으로 활용하고 있는지 점검해 보는 것도 의미 있는 활동이 됩니다.

AI 도구는 계속 진화할 것입니다. 더 똑똑하고, 더 많은 것을 할 수 있게 될 겁니다. 하지만 그 모든 기술을 '나의 루틴' 속에서 자연스럽게 활용할 수 있는 힘은, 지금 여러분이 만드는 학습 습관에 달려 있습니다.

지금의 나에게 편지를 써보세요. "1년 뒤 나는 이런 방식으로 AI를 잘 쓰고 있을 거야." 그 편지가 지금부터 시작될 당신의 평생학습 여정의 가장 든든한 마법이 될지도 모릅니다.

AI는 길을 열어주고, 루틴은 그 길을 걷게 해줍니다. 여러분이 이 책에서 익힌 루틴이 삶의 디폴트가 되어, 앞으로 어떤 환경에서도 자기주도적으로 배우는 힘이 되기를 진심으로 응원합니다.

— 당신의 학습 파트너, 에듀

나만의 AI 인벤토리: 학습의 무기고를 장착하라!

"게임에서는 무기를, 공부에서는 도구를! AI는 나의 레벨업 아이템입니다."

대학생활은 일종의 '미션과 퀘스트'의 연속입니다. 시험, 과제, 발표, 팀 프로젝트 등 수많은 학습 과제로 이루어진 여정입니다. 그 모든 상황에서 나를 도와줄 무기가 바로 AI 도구입니다.

이 부록에서는, 당신만의 AI 무기고를 만들어 보세요.

나의 AI 인벤토리 슬롯

각 칸은 하나의 AI 도구를 상징합니다. 이제 이 슬롯 안에 당신이 자주 쓰는 도구, 또는 앞으로 도전해보고 싶은 도구를 하나씩 넣어보세요.

불필요한 아이템을 비워야 전설 아이템이 들어옵니다.

(※ 이미지를 인쇄해서 사용하거나, 디지털로 편집해서 개인 학습 루틴에 붙여보세요!)

카테고리별 추천 리스트

✏️ 글 · 리서치
- ChatGPT
- 제미나이
- Notion AI
- Perplexity
- Elicit

🖥️ 코딩 · 데이터
- Cursor AI
- GitHub Copilot
- Phind / Replit AI
- DataCamp Ai Tutor

🎨 이미지 · 디자인
- DALL · E
- Midjourney
- Canva AI

🗃️ 생산성 · 협업
- Notion
- SlidesAI
- Copilot for Slides
- Miro Ai

📑 학습 · 업스킬
- NotebookLM
- Coursera Coach
- Khanmigo
- 티로
- 클로바노트

🎙️ 발표 · 의사소통
- Yoodli AI

🎵 오디오 · 음악
- Suno
- Udio

🪙 재무 · 투자
- CoPilot Money
- Perplexity
- Finance

☕ 웰빙 · 습관
- Woebot
- Habitica GPT

☑ 체크박스로 실제 사용 여부를 관리하세요.

각 항목에 체크하며, 자신이 실제로 어떤 영역에서 AI를 활용하고 있는지 점검해 보시기 바랍니다. 중요한 것은 도구의 수가 아니라, 목적에 맞는 선택과 지속적인 활용입니다.

기획작가의 당부 - 정동완

인공지능은 더 이상 미래의 기술이 아니다. 이미 대학생들의 일상 속에 깊이 스며들어 과제 작성, 자료 조사, 발표 준비, 진로 탐색, 창업 기획에 이르기까지 거의 모든 영역에 영향을 미치고 있다. 많은 학생이 ChatGPT를 비롯한 생성형 AI를 사용하고 있지만, 그 활용 방식은 여전히 단순한 요약과 대필 수준에 머무르는 경우가 많다. 편리함은 커졌지만, 사고력과 학습 주도성은 오히려 약해지는 역설적인 상황도 나타나고 있다.

문제는 기술이 아니다. 문제는 활용 역량이다.

AI 시대의 대학생에게 가장 필요한 것은 더 많은 정보를 아는 능력이 아니라, 도구를 전략적으로 활용하고 자신의 삶을 설계하는 힘이다.

'대학생을 위한! 에듀테크·AI 활용 시크릿북'은 이러한 문제의식에서 출발한 책이다. 이 책은 AI를 '편하게 쓰는 법'을 알려주는 안내서가 아니라, AI를 '나의 경쟁력'으로 전환하는 실천서이다. 단순한 기능 설명이나 도구 나열이 아니라, 대학생활 전반을 스스로 설계할 수 있도록 돕는 구조로 기획되었다.

이 책의 가장 큰 특징은 '루틴 중심 구성'에 있다. 학습, 강의 정리, 시험 준비, 팀 프로젝트, 콘텐츠 제작, 진로 설계까지 모든 영역을 하나의 흐름으로 연결하여 설명한다. 독자는 책을 따라가며 자연스럽게 자신만의 학습 시스템과 생활 구조를 만들어 가게 된다. 계획을 세우고, 실행하고, 점검하고, 개선하는 과정이 반복되며 자기주도성이 강화된다.

또한 본서는 철저히 실습 중심으로 구성되어 있다. 각 장에는 실제로 활용 가능한 프롬프트 예시와 과제가 포함되어 있으며, 이를 통해 학생은 단순히 읽는 독자가 아니라 직접 실천하는 학습자가 된다. 노션을 활용한 위키 노트 구축, AI 기반 시험 대비 시스템, 디지털 포트폴리오 제작, 커스텀 챗봇 설계 등은 모두 대학생활에서 즉시 활용할 수 있는 실전 프로젝트이다.

특히 이 책은 결과물 중심 학습을 강조한다. 학습의 목적이 시험 점수에만 머무르지 않고, 자신의 역량을 증명할 수 있는 성과로 이어지도록 설계되어 있다. 한 장 요약노트, 발표 자료, 자기소개서 초안, 진로 보고서, 영상 콘텐츠, 개인 브랜드 페이지 등 다양한 결과물을 만들어 가는 과정 자체가 학습이 된다.

이러한 구조는 대학 교육 현장에서도 높은 활용 가치를 가진다. 본서는 개인 독서용을 넘어 교양 교재, 비교과 프로그램 자료, 학습 코칭 교재, 교수 연수 자료 등으로 다양하게 활용될 수 있다. 특히 AI 활용 교과, 자기주도학습 과목, 진로 설계 프로그램과 연계할 경우 교육 효과가 더욱 커진다.

이 책의 또 다른 강점은 집필진 구성에 있다. 본서는 단일 저자의 경험에 의존하지 않고, 현직 교사, 대학 교수, 에듀테크 전문가, 진로·창업 연구자 등 다양한 분야의 전문가들이 함께 집필하였다. 이로 인해 이론적 깊이와 현장성이 균형 있게 결합되었다.

오예림 교사를 비롯한 김채담, 진연자 AI 선도교사들은 학교 현장에서 축적한 실천 사례를 바탕으로 학습 설계의 토대를 마련하였다. 김정준 대표와 박신정 작가와 같은 에듀테크 전문가는 글로벌 디지털 활용 전략을 제시하며, 유아미, 윤옥희, 이희정, 손재영 대학 교수진과 연구자들은 학문적 신뢰성을 더한다. 진로·창업 전문가들은 미래 설계 영역을 책임지며, 교사 집필진은 실제 학생들의 고민을 반영하여 내용을 구체화하였다.

이러한 집단 지성은 본서를 단순한 활용서가 아닌, 신뢰할 수 있는 교육 자료로 완성시킨 핵심 요소이다.

본서를 기획하며 나는 한 가지 질문을 반복해서 던졌다.

"이 책이 학생의 삶을 실제로 바꿀 수 있는가?"

나는 오랫동안 진로·학습 현장에서 수많은 학생을 만나왔다. 능력이 있어도 방향을 잡지 못하는 학생, 기회 앞에서 준비되지 않은 학생, 도구를 갖고도 활용하지 못하는 학생들을 반복해서 보아왔다. AI 시대의 격차는 성적이 아니라 설계력에서 비롯된다.

이 책은 그 격차를 줄이기 위한 안내서이다. 학생이 스스로 목표를 설정하고, 도구를 선택하고, 전략을 세우고, 성과로 증명하도록 돕는 데 목적이 있다.

AI는 계속 진화할 것이다. 플랫폼도 끊임없이 바뀔 것이다. 그러나 스스로 학습을 설계하는 힘은 평생 남는다. 이 책은 바로 그 힘을 기르는 데 집중한다.

'대학생을 위한! 에듀테크·AI 활용 시크릿북'은 대학 4년을 위한 책이면서 동시에 평생학습을 위한 설계서이다. 독자들이 이 책을 통해 단순한 사용자에서 벗어나, 자신의 삶을 주도적으로 설계하는 사람으로 성장하길 바란다. 그것이 이 책을 기획한 이유이며, 우리가 이 책에 담고자 한 가장 중요한 가치이다.

도서출판 행복에너지 회장 **권선복**

이 책은 한 사람이 쓴 책이 아니다. 또한 단순히 여러 사람이 이름을 올린 공저도 아니다. 『대학생을 위한 에듀테크·AI 활용 시크릿북』은 오예림, 박신정, 김정준, 김채담, 손재영, 유아미, 윤옥희, 이희정, 진연자 아홉 명의 교육자가 각자의 자리에서 쌓아온 시간과 질문, 그리고 학생을 향한 진심이 한 권의 책으로 모인 결과물이다.

교실에서, 강의실에서, 진로 상담 현장에서, 연수와 컨설팅의 자리에서 이들은 모두 같은 질문 앞에 서 있었다. "지금 이 시대의 대학생들에게, 우리는 무엇을 가르쳐야 하는가." 그리고 더 근본적인 질문, "기술이 인간을 앞지르는 시대에, 학생들이 길을 잃지 않도록 어떻게 도울 것인가."

이 책의 저자들은 이론만을 말하는 사람이 아니다. 중학교와 대학의 교실에서 학생의 눈을 직접 마주해온 교사와 교수, 학교 현장을 찾아가 교사·학생·학부모를 연결해 온 컨설턴트, 진로와 직업의 갈림길에서 수많은 선택을 함께 고민해 온 교육 전문가들이다.

오예림 교사의 AI·메타버스 현장 교실 교육, 박신정 디렉터의 AI 콘텐츠 실천, 김정준 대표의 글로벌 에듀테크 현장, 김채담 교사의 디지털 교실 혁신, 손재영 교사의 진로·AI 융합 교육 연구, 유아미 교수의 대학생 진로·커뮤니케이션 분석, 윤옥희 교수의 메타인지·교수학습 연구, 이희정·진연자 두 저자의 학교 컨설팅과 영어·에듀테크 실천 사례는 각기 다른 위치에서 출발했지만, 이 책 안에서 하나의 방향으로 모였다.

그 출발점은 언제나 기술이 아니라 사람이었다.

저자들의 전공과 경력은 서로 다르다. AI·에듀테크, 메타버스, 영어교육, 진로교육, 대학 교육, 디지털 리터러시까지 분야는 다양하지만, 이 책을 관통하는 메시지는 분명히 하나다.

"학생이 스스로 생각하고, 선택하고, 자기 삶을 설계할 수 있도록 돕자."

AI는 대신 생각해주는 도구가 아니라 생각을 확장해주는 도구여야 하고, 에듀테크는 성적을 올리는 요령이 아니라 학습의 주도권을 학생에게 돌려주는 수단이어야 한다는 점에서 아홉 명의 저자는 한 치의 흔들림도 없다. 그래서 이 책은 차갑지 않다. 기술을 말하지만, 문장 사이사이에는 학생을 향한 책임감과 애정이 묻어난다.

독자들에게 기운찬 행복에너지 긍정의 힘으로 보내 드립니다.

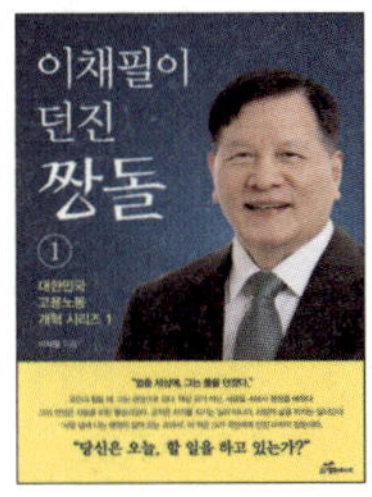

이채필이 던진 짱돌

이채필 지음 | 값 30,000원

이 책은 이채필 전 고용노동부 장관의 역경과 도전으로 가득찬 삶과 더불어 고용노동부 소속 공무원에서 시작하여 장관에 이르기까지 노동 관련 업무를 하면서 확립하고 지켜 온 노동 관련 행정에 관한 신념 및 그에 따른 행보를 다루고 있는 책이다. 대한민국의 갈등적 노사관계 해소를 위하여 시행했던 다양한 노사관계 개혁의 실행 과정과 함께 실무에 앞장선 행정가의 지혜가 고스란히 담겨있다.

중견기업 CEO와 비전공자를 위한 회계원리

노영래 지음 | 값 25,000원

이 책은 CEO와 창업자들에게 숫자가 아닌 그림과 사례로 회계의 원리를 이해하고, 경영자로서 필요한 정보를 읽어낼 수 있도록 돕는 데에 중점을 두고 있다. 그렇기 때문에 숫자 사용은 최대한 배제하고 있으며 회계를 이해하는 데에 필요한 필수 개념과 재무제표의 작성 원리를 도식, 그림과 함께 쉬운 문장으로 설명하는 데에 중점을 두고 있는 것이 특징이다.

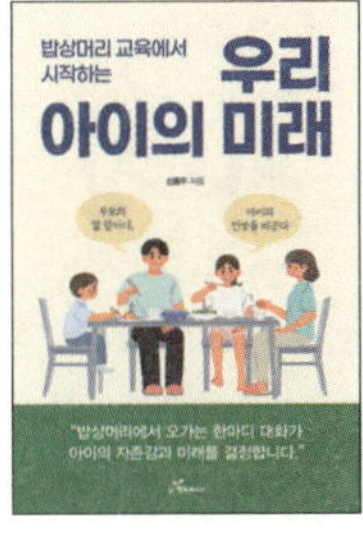

밥상머리 교육에서 시작하는 우리 아이의 미래

신종우 지음 | 값 20,000원

이 책은 전통적인 '밥상머리 자녀교육'과 다문화 사회, AI 시대 등의 현대적 키워드를 결합하여 자녀교육의 새로운 길을 제시한다. 특히 이 책은 온 가족이 함께 밥상머리 규칙을 만들고 식사를 준비하는 등 부모들에게 '밥상머리'라는 기회를 통해 자녀와의 동등한 소통의 대화법을 제시하고 있는 것이 특징이다.

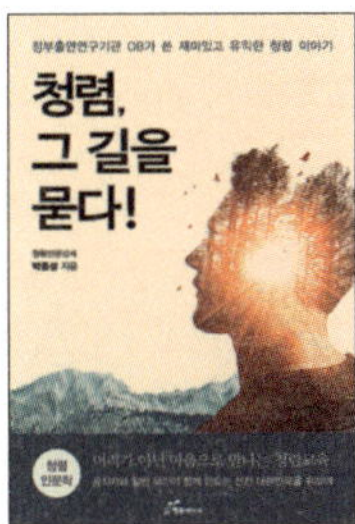

청렴 그 길을 묻다

박종성 지음 | 값 22,000원

한국건설기술연구원에서 33년간 연구 및 행정업무에 봉직한 바 있으며 현재는 청렴전문강사로 활동 중인 저자는 이 책 『청렴 그 길을 묻다』를 통해 청렴교육의 당사자인 공직자들뿐만 아니라 일반 국민들도 가슴 깊이 담아두어야 할 '청렴'의 본질을 이야기한다. 특히 단순한 청렴 관련 법령의 나열에서 벗어나 인문학을 통해 청렴의 당위성을 이야기하고 공감 및 감동을 불러일으키고 있는 것이 이 책의 특징이다.

좋은 **원고**나 **출판 기획**이 있으신 분은 언제든지 **행복에너지**의 문을 두드려 주시기 바랍니
ksbdata@hanmail.net   www.happybook.or.kr   문의 ☎ 010-3267-6277

'행복에너지'의 해피 대한민국 프로젝트!

<모교 책 보내기 운동> <군부대 책 보내기 운동>

한 권의 책은 한 사람의 인생을 바꾸는 힘을 가지고 있습니다. 한 사람의 인생이 바뀌면 한 나라의 국운이 바뀝니다. 그럼에도 불구하고 많은 학교의 도서관이 가난하며 나라를 지키는 군인들은 사회와 단절되어 자기계발을 하기 어렵습니다. 저희 행복에너지에서는 베스트셀러와 각종 기관에서 우수도서로 선정된 도서를 중심으로 <모교 책 보내기 운동>과 <군부대 책 보내기 운동>을 펼치고 있습니다. 책을 제공해 주시면 수요기관에서 감사장과 함께 기부금 영수증을 받을 수 있어 좋은 일에 따르는 적절한 세액 공제의 혜택도 뒤따르게 됩니다. 대한민국의 미래, 젊은이들에게 좋은 책을 보내주십시오. 독자 여러분의 자랑스러운 모교와 군부대에 보내진 한 권의 책은 더 크게 성장할 대한민국의 발판이 될 것입니다.

제 3 호

감 사 장

도서출판 행복에너지
대표 권 선 복

귀하께서는 평소 군에 대한 깊은 애정과 관심을 보내주셨으며, 특히 육군사관학교 장병 및 사관생도 정서 함양을 위해 귀중한 도서를 기증해 주셨기에 학교 全 장병의 마음을 담아 이 감사장을 드립니다.

2022년 1월 28일

육군사관학교장
중장 강 창 구